Nanjing

Architecture of the Republic of China Guide

南京民国建筑地图

刘屹立　徐振欧　著

江苏凤凰科学技术出版社·南京

深藏于都市楼宇间的法国大使馆旧址

来！带你看民国建筑

一

在我上班的大楼旁，有一座精美的鹅黄色法式小洋楼，那是法国驻中华民国大使馆旧址。如今，它已被整修粉刷一新，在一片灰色居民楼、门面房包围中，显得那么玲珑夺目。每有新朋友来访，我都会陪他们走过去欣赏一下。他们也不止一次问我："真好看，那么，英国、美国、苏联、日本等各国大使馆在哪儿？"呵呵，都在，只是除了住在附近的居民，有多少人知道呢？南京人都没几位知道，外地朋友知晓的就更少了。

你若来南京，总统府、中山陵、夫子庙这些地方，当然得去看看，就像北京故宫、杭州西湖一样的地标景点。但，我可不想只带你去这些"景点"。南京号称"六朝古都""十朝都会"，六朝遗迹已经没剩什么了，明代遗存也就是明城墙和明孝陵，那看什么呢？"来南京不看民国建筑，等于白来"——这虽是句玩笑话，却真有些道理。外地朋友来南京，我总是领他们去看民国建筑。每次看后，朋友都感叹不虚此行，看的东西是旅游团一辈子不会带你去看的。这我相信。可是，民国建筑，很多城市都有，南京的民国建筑有什么特别呢？

首先，在中华民国存在的 37 年中，即 1912—1949 年，南京的历史就决定了它在全国的地位。民国南京，在很长一段时期内成为国家政治、经济、文化中心，这一地位决定了它的建筑在全国是走在前列的。

其次，南京是民国首都，最主要的特色是它有一些建筑类型是别的城市所没有的。正因它是首都，所以中央党政军机关建筑特别多。当时很多军政建筑提出采用"中国固有之形式"，这就促使了要采用中国传统宫殿的外观，但在平面布置和结构上必须采用现代的设计方式。典型的如国民政府行政院、交通部、国民党中央监察委员会、国民党中央党史史料陈列馆等，这类建筑在南京特别多。同时，南京作为民国首都，外国使馆特别多（有40 多个），这就带来了西方新的设计方式。西方古典主义和现代派建筑风格在南京也皆有反映，典型的如西方古典风格的国立中央大学、交通银行南京分行，西方现代风格的中央地质调查所、美国军事顾问团公寓等。可以说其他城市具有的，在南京也都有；南京有的，别的城市还不一定有。所以，南京民国建筑是全中国近代建筑的缩影、杰出代表。

再者，南京拥有一条举世无双的"民国子午线"。把南京民国时期军政建筑的位置作一个分析，可以发现它们大都沿着城市主干道——中山大道两旁建造。中山大道是从 1927 年定都南京至 1937 年抗战全面爆发前的 10 年内，南京在"首都计划"指引下进行的城市建设中的核心路线。它是奉安孙中山先生灵柩而建，整条道路北起下关江岸，东出中山门与陵园路衔接，工程量浩大，全线长 12 千米，宽 40 米，各路段均冠以"中山"之名，由此彰显其非凡的政治意义，当然也就不难理解道路沿线两侧均以代表官方形象的大型建筑为主。鼓楼以北名"中山北路"，鼓楼至新街口名"中山路"，新

中山大道的位置

街口至中山门名"中山东路"，它连起了理想城市规划中的中央政治区、行政、文化区和商业区而成为城市主轴线，号称"民国子午线"。

由下关中山码头过挹江门至鼓楼、新街口，经逸仙桥至中山门，这条中山大道两旁遍植高大的法国梧桐，国民政府的党政军机关建筑散布其中：中山北路上有行政院、交通部、海军部、军政部、立法院、最高法院、外交部等，中山路上有司法院、司法行政部，中山东路上有财政部、经济部、中央党史史料陈列馆、中央监察委员会等。从"中国固有之形式"到"简朴实用式略带中国色彩"，从纯粹的西方古典建筑样式到新颖的现代派建筑思潮，一代民国建筑大师的多元探索，如长卷般渐次呈现。正因如此，沿着"民国子午线"一路骑行，向来被推誉为欣赏民国建筑的经典路线。

如今，越来越多的人对南京民国建筑产生了浓厚兴趣，并想去探寻它的踪迹。问题是，这些建筑在哪里？这不光外地朋友不知道，大多数南京人也不清楚。现存 1000 余处民国建筑，星罗棋布于南京的大街小巷，没有人带，是没办法去看的。最多也就靠网上的前人攻略，看几个沿主干道的知名建筑，看看颐和路公馆区的别墅，仅此而已。南京的民国建筑精华就只这些吗？当然不是。想要全面欣赏民国建筑，是需要本地的行家指点的。

二

这本书是很不好写的，难就难在对写这个书的人要求太高了：要对南京民国建筑非常熟悉，知道哪些建筑是民国建筑、重要程度如何、哪些值得看、哪些可看可不看、哪些不看也罢；要懂民国建筑，懂它有何看点、何建筑艺术价值和其背后的人文掌故。光懂这些显然不够。得自己全到访过，知道它在哪儿、什么路、多少号、现为什么单位、开不开

放、邻近有什么标志物；得熟谙南京道路街巷和交通站点，知道如何便捷地抵达那些建筑。最关键的：不是东一个西一个的"点"——那没啥用，得连成一条适合行走的"线"。最好能画出地图，指引你怎么走、领你去看。虽然现有介绍南京民国建筑的书不少，但好像没一本告诉你怎么去的，而本书作者就要来搞定这桩难事。还得有点摄影水平，能拍出摄影作品般的意境（不是那种"记录片"）。这样看来，恐怕没有哪个人独具全部条件吧？而徐老师与我合作撰著，恰是珠联璧合。

徐老师和我在南京居住生活快50年了，地道的"老南京"，对南京民国建筑了如指掌。要紧的是，徐老师是摄影家，我是学建筑学的。那么，还有谁比我俩更适合合力写出这样一本书呢？

创作这本书的想法，10年前就有了，却因本职工作和琐事冗杂耽搁至今。资料一直在采集，10年来，差不多主城区几处处民国建筑都跑遍了。直到今年，感觉各项条件成熟了（也包括慕名来南京看民国建筑的各地朋友越来越多了），那就一鼓作气写出来吧。

三

《南京民国建筑地图》有这样几个首创的特点：

一是本书介绍的南京民国建筑数量之多，远超现有的一切"指南""攻略"，达600余处。其中以实景呈现的，有300处。一天走一条路线的话，全部看完一遍，得花上一周（有的路线，一天怕都跑不下来）。考虑到外地朋友来南京，没那么多时间都看，我们先确保展示最重要的国家级、省级文保民国建筑，市级文保尽量多介绍，区级文保和未列为文保的，选有特色的介绍。经过考虑，有些建筑被果断舍弃，包括有记载可惜已拆的、房主没名气建筑又不好看的、有名气但实在看不到的、改造得不成样子的、太偏僻很难去到的。总之，书中已汇集了南京民国建筑的全部精华。此外，还根据建筑的重要程度，每处用1~3颗星给出了"推荐参观指数"，供朋友们寻访中参考、取舍。

二是本书创造性地把600余处南京民国建筑串连成了"东、西、南、北"共7条参观路线，使得你可以骑个共享单车，或用"最近的地铁＋最短的步行"的方式，一路看过去，不错过，也不多绕路。

过去不是没有人写过南京民国建筑专集、大全，只是所有写法，都是按建筑类型分的，什么"军政建筑""高校建筑""使馆建筑""名人故居"……虽具学术性，却无实用性。本书的思路完全不同：是按街巷沿线门牌号码，有一个讲一个，管它什么类型，有啥看啥，"一网打尽"。此种写法难度极大，但对读者而言，那叫一个实用！

7条参观路线是经过精心设计的，涵盖了南京主城区所有的优秀民国建筑。这7条路线的"坐标原点"是总统府。这是考虑到位居市中心的总统府无疑是朋友们必去的首要景点，且地铁 2 号线、3 号线都经过总统府附近，出行十分便利。以总统府为出发起点，最合适不过。

三是不光有精确地址、建筑照片和背景信息，书里还给出了具体寻访路径，告知你最近的地铁站，指示你从地铁几号口出来后，如何行进、转弯，多少米，帮助你快捷容易地找到这处建筑，再延伸至下一处建筑。我们还手绘了多幅街区小地图，供你更直观地掌握寻访的范围、方位、走向。非但如此，还给出了"参观指南"，告知你参观各处建筑时的注意事项。我们还编制了索引，方便你根据门牌号快速查找其出处。

四是有许多民国建筑是不开放的，我们尽了最大的努力，运用各种各样的办法，拍到了一般人不大有机会看到的实景。这部分照片比较珍贵，属"独家首发"。

怎么样，讲完这几个特点，想必朋友们已了解本书的匠心了吧？特意设计成小尺寸口袋本，就是方便读者随身携带、按图索骥。至于书价，贵或许是贵了点儿，不过徐老师和我相信，读者拥有这本书是很值的。

四

本书的原创过程，用 4 个字来形容的话，可谓"艰苦卓绝"。以至于偶尔我们自己都有点动摇了——行了，就这样吧……然而，一想到这是本独一无二的书，要做就要做到最好，意志就又坚定了起来。就拿拍摄来说，首先我们对自己要求就比较高，即：尽量拍大家没见过的；如果大家见过，则给你看个你看不到的视角；若这个视角你也见过，那么就在画面美感上更加考究。这么一来，本书里大部分画面，应该都是你前所未见的。这就对了，我们一心想的就是——要对得起读者。

举个例子，你可以发现，本书里的民国建筑照片，基本上是没有人的，显得特别干净，而做到这一点是很不容易的。南京的盛夏，气温高达 40℃，烈日酷暑逼退了游人，这天气反而该我们出动了——拍出来的照片里没人啊。何谓"拼命三郎"，我俩大概得算一号。

也有不少难忘的、好玩的经历。有些建筑，比如颐和路公馆区的许多建筑，高墙深院，铁门紧闭，你们进不去，我们也进不去。为了能拍到，往往是徐老师站在我的电动自行车上，这样就增高了近 1 米，加之徐老师个头还可以，抬手即超过了围墙顶，而我在下面抱着徐老师的腿以防不慎失足。有的围墙不高，似有攀爬的可能，瞅瞅四下无人，也不管形象不形象了，徐老师手搭墙头，纵身而上，我则在下面以肩膀托着助一把力。再后来，徐老师干脆买了一架梯子……

有一次被捉了个"现行"。记得那天在拍摄"高楼门 80 号 孔祥熙公馆"时，发现铁门下缘离地有 10 厘米高的空隙，就想从这个空隙里把相机伸进去拍一张。哪知刚蹲下，手才伸半边出去，猛听半空中一声断喝"喂！"紧跟着铁门就打开了。撅着屁股的我，眼前是两条腿，仰脸望去，一位精干的年轻人正居高临下笑呵呵地瞧着我呢。那会儿真是"糗大了"。

好在人家挺和气的，听我解释一番，也没批评我。不过还是提醒大家，有的场合若主人不同意，就别拍啦，更不要和人家吵。

有些私宅公馆，院门虽然开着，但不意味着就可贸然进入，因主人养有看家护院的狗，一见生人便要扑来狂吠。我在探访中，就有过被狗追逐、仓皇逃窜的狼狈遭遇。所以，提醒大家防着点儿狗，不会哄狗就别去招惹，院外看看就好啦。

要善于和人聊天，和房主、门卫多聊聊，打消其戒心，博得其好感，有可能就放你进去看看、拍拍了。有学生证、工作证的，最好带上，让你出示证件时，就积极配合出示。有的房主或门卫，倒是乐于给来访者讲讲这座建筑的背景和前主人的身份，听其侃侃而谈，也能增长见识。衣冠要相对周正，不像坏人。态度要客气、真诚，毕竟你一不速之客，人家心存戒备不欢迎，是很自然的。谦虚友好地自我介绍，比如"我是个民国建筑爱好者"，诚恳地表达"只想看一看民国建筑"的单纯愿望，并致以冒昧打扰的歉意，有些主人还是好商量的。这种场合，女孩子出面，肯定更能发挥沟通优势。我们在登门造访时，就有多次这样交流愉快、获得通融的例子。

诸如此类的参观要点还多着呢，书中会一一讲述。

五

当本书付梓之际，徐老师和我都长舒一口气——总算做完了一件大事。需要说明的是，本书给出的参观寻访路线，是基于当前的道路建设情况。南京中心城区现已运营的地铁有1、2、3、4号线，5号线刚动工开建，预计几年后5号线开通后，部分民国建筑会有更便捷的到达方式。随着有关部门的重视，未来整修开放的民国建筑也会更多。所以，有机会的话，我们还将对本书进行修订，把新的信息分享给大家。

南京，是一座需要慢慢品味的城市。坐在行驶的汽车里，不能让人静下心来细品，而骑行和徒步，无疑是品读这座城市最好的方法。带上这本书，来一场"暴走"，去感受民国建筑之美吧。徐老师和我若有时间，也欣然乐意亲自带领你们去探访民国建筑，给你们讲建筑背后的故事，一同领略那个风云激荡的民国时代。

刘屹立

2018 年 9 月于南京

迈皋桥

动物园

聚宝山

4号线
苏宁总部·徐庄

王家湾

南京林业大学
·新庄

蒋王庙

钟山风景名胜区

岗子村

向东第二条参观路线

九华山

参观路线

2号线   钟灵街

句东第一条参观路线

西安门
路   明故宫

孝陵卫

苜蓿园

下马坊

路线

北

7条参观路线示意图

目录

向东第一条参观路线

这是本书中路程最短的一条参观路线，因不适宜整合在别的路线里，故单独编制一条线。

本条路线首先包括了总统府，然后向东涵盖了梅园新村历史文化街区，再沿珠江路向东延伸到黄埔路为止。

让我们从参观总统府开始。总统府是游南京必到的景点，各种介绍，朋友们都耳熟能详，这儿就不再赘述了，重点讲一讲总统府里的民国建筑。总统府旧址现为南京中国近代史遗址博物馆，整个景区分中路、西路、东路，其平面示意图见右页。

中路的重要民国建筑有：
长江路 292 号 总统府门楼（第 14 页）。
长江路 292 号 总统府礼堂（第 16 页）。
长江路 292 号 总统府会客厅（第 16 页）。
长江路 292 号 总统府政务局大楼（第 17 页）。
长江路 292 号 总统府文书局办公楼（第 18 页）。

西路的重要民国建筑有：
长江路 292 号 总统府图书馆（第 21 页）。
长江路 292 号 孙中山临时大总统办公室（第 22 页）。
长江路 292 号 国民政府参谋本部（第 24 页）。
长江路 292 号 国民政府主计处（第 25 页）。

东路的重要民国建筑有：
长江路 292 号 行政院办公楼（第 26 页）。
长江路 292 号 国民政府行政院大门（第 27 页）。

这里顺便附一些参观信息，有备而无忧嘛：总统府门票 40 元，总统府·六朝博物馆联票 65 元（比分别购票可省 5 元），总统府·江宁织造博物馆联票 65 元（比分别购票可省 5 元）。现已实行参观实名制，即必须凭身份证购票（每证限购 1 张）。网上订票者，无需换纸质门票，可直接在检票口刷身份证入馆。凭学生证享受半价优惠。开放时间：除法定节假日外，每周一闭馆；除夕闭馆。交通：距地铁 2 号线 / 3 号线大行宫站 5 号出口最近，步行约 300 米即到。

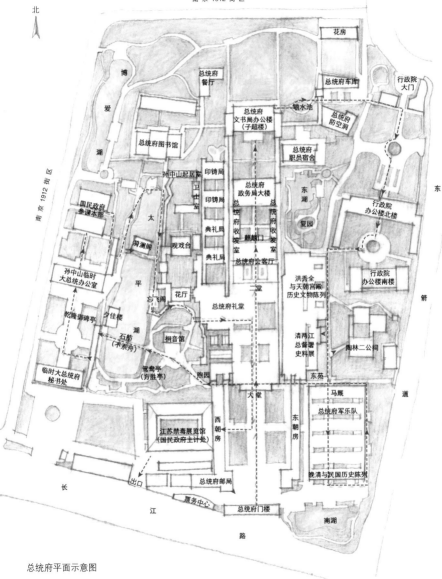

北

花房

总统府车库

行政院大门

博爱湖

总统府餐厅

总统府文书局办公楼（子超楼）

喷水池

总统府防空洞

总统府图书馆

总统府职员宿舍

孙中山起居室

印铸局

卫士室

印铸局

总统府政务局大楼

东湖

复园

东

国民政府参谋本部

太

潀渊阁

典礼局

总统府收发室

麒麟门

总统府收发室

行政院办公楼北楼

观戏台

孙中山临时大总统办公室

平

典礼局

总统府会客厅

洪秀全与天朝宫殿历史文物陈列

行政院办公楼南楼

乾隆御碑亭

忘飞阁

湖

花厅

一堂

夕佳楼

总统府礼堂

石舫（不系舟）

桐音馆

清两江总督署史料展

陶林二公祠

临时大总统府秘书处

鸳鸯亭（方胜亭）

煦园

东苑

箭道

大堂

马厩

江苏禁毒展览馆（国民政府主计处）

西朝房

东朝房

总统府军乐队

出口

总统府邮局

晚清与民国历史陈列

长江路

警务中心

总统府门楼

南湖

总统府平面示意图

總統府

　　总统府门楼是总统府的标志性建筑，全国重点文物保护单位。原址为清两江总督署辕门，国民政府成立后，于1929年拆除辕门，新建了这座门楼。整座门楼厚实坚固，宏伟气派，为典型的西方古典门廊式建筑。

　　1937年12月南京沦陷后，日军在大门前举行了入城式，继而成为伪"中华民国维新政府"及汪伪"国民政府监察院"的大门。

　　1946年国民政府还都南京后，仍作为国民政府大门。

　　1948年5月"行宪国大"后，即将"国民政府"换装"总统府"三字。

　　1949年4月23日南京解放后，大门一直在使用。

　　1958年"大炼钢铁"时，大门被拆下回炉，换装了三扇木门。2003年将铁门按原样恢复。

　　门前一对石狮是清两江总督署辕门的遗物。

　　门前原还耸立有大照壁，2003年因长江路拓宽被拆除。

　　该处为景区入口，每天都车水马龙、熙熙攘攘，罕有空寂无人的时刻。上图是不多见的"没有人的总统府"。

长江路292号
总统府礼堂

推荐参观指数：★★★

长江路292号
总统府会客厅

推荐参观指数：★★★

总统府礼堂原为清两江总督署的花厅。1930年，国民政府主席蒋介石在此接受英国驻华大使许阁森递交国书，当许阁森退出礼堂时，被老式门槛绊了一下，差点摔个跟头，弄得很狼狈。这件事过后，蒋介石认为这所旧花厅实在有损国体，决定予以翻修。由著名建筑师卢树森设计，将原建筑全部翻盖，向南向西一直扩建至天井中，总面积扩大了近1倍。室内采用西式装饰，又建了一条半敞开式穿堂，将礼堂与中轴线主建筑连接起来。国民政府的许多重要会议、仪式和外交事务活动都在此举行。今礼堂除了舞台为后改建外，基本保留了20世纪40年代后期的格局。

总统府会客厅是国民政府主席、总统会见重要宾客的场所，建于1917年，西式造型美观别致，室内系根据史料复原。蒋介石曾在这里会见过马歇尔、司徒雷登等人。1946年7月1日，蒋介石曾在此与中共领导人周恩来举行会谈。会客厅门前有五级彩色水磨石台阶，台阶两侧有八字形挡墙，故这里又叫"八字厅"，是当年蒋介石等政要会见宾客时的摄影处。

总统府政务局大楼为仿欧式两层建筑，建于20世纪20年代中期。政务局主要负责重要文稿拟撰、机要文件查鉴及转递等党政方面的事务。二楼东首套间曾是蒋介石的首席幕僚陈布雷的办公室。

参观指南:这几处都位于总统府中轴线上及一侧，全国重点文物保护单位，可入内参观。

长江路292号
总统府文书局办公楼

推荐参观指数 ★ ★ ★

建于1935年，著名建筑师虞炳烈设计，是新民族形式建筑代表作之一。因当时的国民政府主席林森字"子超"，故又称"子超楼"。内设林森的主席办公室、蒋介石的总统办公室、李宗仁的副总统办公室、秘书长办公室，以及国务会议厅等。还装有一部当时世界上最新潮的手摇式升降电梯，曾为蒋介石专用。楼前两棵雪松，系林森手植。

游客视角

　　别的房间不细说了，蒋介石办公室，因有栏杆阻隔不让进，大家都只能挤在门口眺望一眼，未免遗憾。上图是蒋介石办公桌的近景，稍微满足一下读者的好奇心。

　　据当年率部冲进总统府的人回忆：在蒋介石办公桌上，摆放着一套线装雕版《曾文正公全集》，以及笔墨、印石、台灯、手摇电话机等，台历翻在"中华民国卅八年4月23日星期六"那一页——也就是国民政府撤离南京那天。近前观瞧，果然一样不少。不过，也甭太激动，原物都在国家博物馆藏着呢，现在的办公桌及桌上物品皆为复制件。

　　参观指南：子超楼位于总统府中轴线尽端，全国重点文物保护单位，可进楼参观。

右页

　　建于1929年，三层西式建筑，黄墙红瓦，线条简洁明快。南、北面均设外廊，楼后部建有游廊与子超楼相连。此楼原为国民政府参谋本部办公楼，1946年后改作国民政府（总统府）图书馆，保存历年印行的国民政府（总统府）公报，以及主席（总统）手令等重要档案。

　　参观指南：该处位于清两江总督署西花园北端，全国重点文物保护单位，室内不开放，可欣赏建筑外观。

长江路292号

孙中山临时大总统办公室

推荐参观指数：★★★

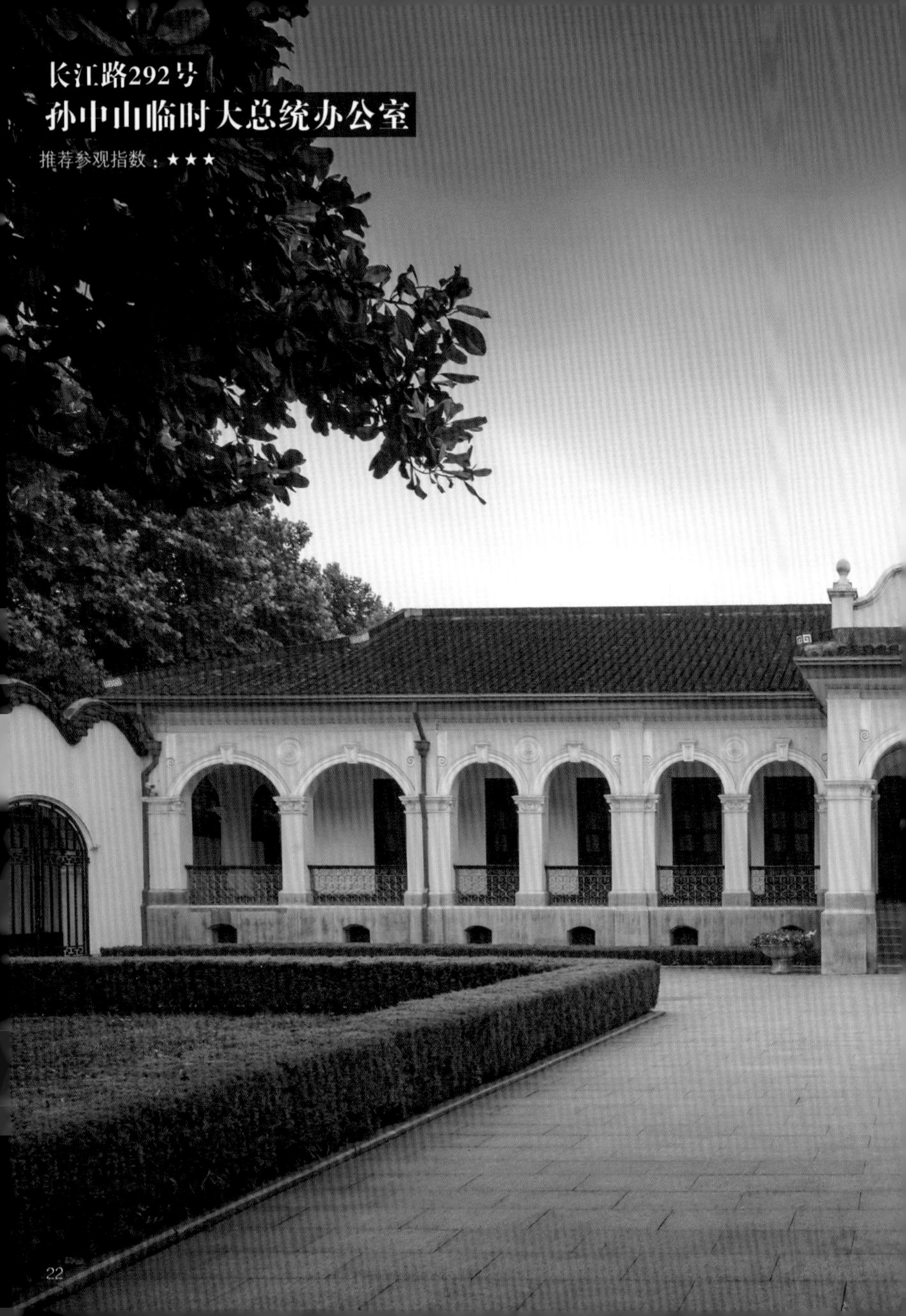

这幢仿法国文艺复兴样式的平房，是清末两江总督端方赴欧洲考察回国后所建，落成于1910年。因位于总督署西侧的西花园，故又称"西花厅"。1912年1月1日，孙中山就任中华民国临时大总统，即以此为办公室。4月1日，孙中山正式辞去临时大总统职，两天以后，离开了总统府。从1月1日就职那天起，孙中山在这里工作了91天。

参观指南：建筑位于总统府西院，为全国重点文物保护单位，可入内参观。

长江路292号
国民政府参谋本部

推荐参观指数：★ ★ ★

20世纪30年代初，国民政府下设三个处：文官处、参军处、主计处。其中，主计处为国民政府直属主管财政机构，执掌全国及中央各部委财政数据统计、审计、预决算等，是个实权部门。主计处办公楼建于1935年，上下两层回字形楼房环绕成一方形庭院，秀丽典雅，建筑至今保存完好，为全国重点文物保护单位。

参观指南：该处位于总统府西院、景区出口附近，原址已辟为江苏禁毒展览馆，对外开放。

左页

建于20世纪20年代，1928年国民政府参谋本部在此成立，主管国防用兵事宜，统辖全国参谋人员、陆军大学、测量总局及驻外武官。1938年改为军令部，隶属国民政府军事委员会。

参观指南：该处位于总统府西院，全国重点文物保护单位，现为孙中山与南京临时政府史料展厅，可入内参观。

长江路292号
行政院办公楼

推荐参观指数：★★★

行政院是民国最高行政机关，成立于1928年10月，与立法院、司法院、考试院、监察院并称五院，行政院为五院之首。行政院自成立到1937年11月国民政府西迁，在此办公近10年之久。

北楼

1934年初建造，为国民政府行政院的正门。坐南朝北，青砖砌筑，清水墙，三开间，门内左右两侧设有岗亭。门额上原有行政院院长谭延闿题写的"行政院"三字，现按原样恢复。

参观指南：该处为总统府景区的后门，也称"东箭道19号"。朋友们在参观景区过程中，可别随便迈出此门啊，出去了可就进不来了。

左页

行政院办公楼共南北2幢，与行政院大门在同一中轴线上。北楼建于1928年，是行政院直属机构办公处，原为青砖砌筑、清水外墙，现已用水泥粉刷。南楼建于1934年，其质量明显好于北楼，钢门钢窗，大开间办公室。这里是行政院院长、副院长以及秘书长、政务处、办公厅的办公处。其二楼西北一间是院长室，西南一间是副院长室。

参观指南：该处位于总统府东院，全国重点文物保护单位，常年举办文物史料陈列，可入内参观。

南楼

参观完总统府，从景区出口出来，即可左转，沿长江路向东，又一次走过总统府门楼，途经六朝博物馆，步入汉府街。汉府街不长，行至梅园新村路口，可参观：

汉府街35号 钟岚里民国建筑群（第30页）。

汉府街3号 蓝庐（第32页）。

由汉府街/梅园新村路口，向北进入著名的梅园新村民国建筑风貌区。该风貌区是南京仅存的两处规模较大的民国时期住宅区之一（另一处是颐和路公馆区），范围包括梅园新村、大悲巷、雍园和桃源新村（见右图）。现存近百幢民国建筑，多为两至三层的独栋或联排住宅，青砖墙面，多折屋顶，真实地反映了民国时期的市民居住环境。

先参观梅园新村。梅园新村既是个"村"也是路名。这条藏于闹市的小马路，被高大的梧桐树掩映着，悠然宁静。从路口的梅园新村1号到腹地支巷里的52号，马路两侧密布30余幢民国建筑，其中有些已经出新。可重点参观的有：

梅园新村1—4号、9—12号民国住宅。两幢均为联排住宅，建筑形式基本相同，各设计有4个居住单元，立面采用拱门、山花等民国时期常用的装饰手法，室内木质楼梯、地板保存至今仍在使用。原房主为知名中医卓海宗，曾替蒋介石搭脉诊病，是当时的"总统府国医"。现为民宅，可进院参观。

梅园新村17号、30号、35号 中共代表团办事处（第34页）。

梅园新村18号民国住宅。原为水利专家、中央大学教授林平一的公馆，阳台等细部有线脚装饰。现为纪念馆办公用房。

梅园新村31—33号民国住宅（第36页）。

梅园新村34号民国住宅。原为土木工程师蒋以铎的公馆，已出新。现为"小红梅•信仰生活空间"，每周都排满了阅读、手工、讲堂等活动，俨然一个文艺青年的聚集地。

梅园新村44号 郑介民公馆（第37页）。

梅园新村的门牌号编排比较随意，不像一般道路都一边单号一边双号的，它不管这套，"1、2、3、4……"连着编。这样也好，挨着数过去就行了。夜幕降临时，路边的仿民国老式路灯会点亮，漫步在昏黄的灯光下，有一种强烈的穿越时空之感。所以晚上去梅园新村，会别有一番情调。

梅园新村长不到200米，再往前即接大悲巷。巷内右手有3处民国住宅，分别是大悲巷7号、9号、11号，均位于路东。其中，可关注一下：

大悲巷7号民国住宅（第38页）。

走过大悲巷11号，右手一条巷子，蜿蜒向东而去，便是雍园。雍园不是"园"，是路名。让我们折入雍园，沿途民国建筑林立，从巷口的雍园1号到33号为止，主要都排列于路北的单号。其中，可重点参观的有：

雍园1号 白崇禧公馆（第40页）。

雍园25号双联别墅（第41页）。

梅园新村民国建筑风貌区参观路线示意图

雍园 29 号双联别墅。原房主据称是国民政府长沙市市长。

雍园 33 号旁又有一条支巷，巷口有路牌写着"桃源新村"。顺着支巷走进去，整片民国时期的住宅小楼映入眼帘。其门牌号为桃源新村 1 号到 57 号，但从刚才这个方向走入，门牌号码是从大到小的。

桃源新村民国建筑群（第 42 页）是颇值得参观一番的，并且在"村"中会找到这处建筑：

桃源新村 13—14 号 郑介民公馆。独立庭院，内有 2 幢西式两层别墅。资料显示这里曾经是特务巨头郑介民的公馆之一，也曾是国民政府联勤总部财务司司长戴丹山、国防部部长秦一江的寓所。

桃源新村内巷陌纵横，迂回曲折，让你晕头转向了吧？没关系，因为方圆不大，只要方向往北，总能绕出来的。桃源新村北临的窄巷叫竺桥，竺桥既是巷名，也是一座古桥。

沿竺桥窄巷向东，过竺桥，就到龙蟠中路 / 珠江路交会处处。过街，沿珠江路东行约 100 米，在右手的江苏省地质矿产勘查局大院内，可参观：

珠江路 700 号 中央地质调查所（第 44 页）。

继续沿珠江路东行，约 400 米，至珠江路 / 黄埔路丁字路口，路口北侧有一处重要的民国建筑遗存：

黄埔路 3 号 中央陆军军官学校（第 46 页）。

黄埔路 3 号 国民政府国防部（第 48 页）。

黄埔路 3 号 憩庐总统官邸（第 50 页）。

本条参观路线就到此为止。不过黄埔路 3 号为军事管理区，不对外开放。朋友们参观完珠江路 700 号中央地质调查所旧址，便可尽兴而返了。

汉府街35号
钟岚里民国建筑群

推荐参观指数：★★

临街的联排式住宅

大院内部

　　钟岚里是民国时期典型的里弄式住宅建筑群,建于 1937 年,曾为中南银行的职工宿舍。

　　临街有一排长近 100 米的联排式住宅,为新式石库门建筑,有着统一的二楼和临街小阳台,顶层各有一对老虎窗。迎着路旁成排的法国梧桐,整座建筑显得朴实又不乏气势,充满民国风。

　　从联排住宅中间的大门进去,穿过弄堂口,色调一下子亮了起来。18 幢黄色小楼房,像是聪明孩子用积木搭成的,组合很精巧,民国建筑中常见的小阁楼、小阳台点缀其中。曾经,里弄里、墙角边、露台上,到处种着绿色植物,生活气息浓郁。

　　参观指南:该处位于梅园新村纪念馆对面,长期为居民大院,不太欢迎外来游客。不过居民现已搬迁,大院暂空置,运气好的话,可进院参观。沿汉府街也可欣赏临街建筑外观。

汉府街3号
蓝庐

推荐参观指数：★★

南面

北面

    在梅园新村纪念馆斜对面、钟岚里的东侧，大门口墙上挂着两块牌子，一块写着"汉府街3号"，另一块写着"蓝庐 黄裳将军故居"。走进院落，可见一幢中西合璧风格的两层小楼，屋顶为民居少见的蓝色琉璃瓦。大概因此之故，被称作"蓝庐"。

    据悉，蓝庐是国民党将军黄裳当年用三十万大洋买下此处7亩多地后，于1935年自建而成的。如今仍由黄裳后人居住。据黄裳后人称，"建房时中日关系紧张，为了抵御日军轰炸，房子墙壁的厚度特意做成40厘米，是普通房子的两倍，另外还建有防空洞、地下室""整体结构没有一点损坏，连木质窗户都是当时留下来的，房子的供水、供电、排水设施现在还在发挥作用"。

    参观指南：建筑位于今南京化建产业（集团）有限公司大院内，虽有门卫，但人员进出并不太过问，允许进院参观。

梅园新村17号、30号、35号
中共代表团办事处

梅园新村30号

梅园新村 17 号、30 号、35 号，是 3 座被灰色围墙包围着的不大的院落，每天前来瞻仰的人络绎不绝，这就是中共代表团办事处旧址。

1946 年 5 月 3 日，国民政府还都南京。同日，周恩来、董必武率中共代表团由重庆迁来南京，继续与国民党政府举行和平谈判，此处为代表团驻地。

梅园新村 30 号是周恩来、邓颖超办公、居住处。西式两层小楼，青砖红瓦，门窗、栏杆均为白色，显得典雅清新。院内还保留着当年种植的翠柏、石榴、海棠等，风貌依旧。

梅园新村 35 号，两层楼房，是董必武、李维汉、廖承志、钱瑛等办公和居住处。

梅园新村 17 号，有

梅园新村17号

楼房 2 幢，是代表团办事机构及工作人员宿舍。南楼楼下为饭厅，周恩来经常在此举行记者招待会。

参观指南：该处位于梅园新村马路两侧。梅园新村 30 号在马路西侧；梅园新村 35 号紧邻 30 号，位于 30 号西北角；梅园新村 17 号位于马路东侧，在 30 号的斜对面。该处是中共代表团梅园新村纪念馆的组成部分，全国重点文物保护单位，可凭身份证免费领票参观（周一闭馆）。

梅园新村31—33号
民国住宅

推荐参观指数：★

该处毗邻梅园新村 30 号中共代表团办事处旧址西侧，系 3 幢外观相似的两层建筑，其山墙、雨水斗等处细部装饰很有特色。

参观指南：现为私宅和办公区，对参观者不开放。不过围墙不高，在院外可欣赏建筑外观。

建于 20 世纪 30 年代，两层西式建筑，清水砖墙。

郑介民（1897—1959），国民党陆军一级上将，特务巨头之一，谍战剧里常听到他的名字。1946 年戴笠飞机失事丧命之后，郑介民接替戴笠出任军统局局长。也就在 1946 年，军统局更名为保密局，郑介民兼任局长。此处系郑介民周姓家眷居住地。

参观指南：该处围墙大门不高，在院外可欣赏建筑北面外观。

大悲巷7—3号

建于 20 世纪 30 年代。院门内是条僻静的小胡同。胡同里的 7—1 号现为民宅，7—2 号现为建筑设计事务所使用。两幢建筑造型统一，已出新，原清水砖墙面改为青灰色面砖。7—3 号曾系国民党少将住宅，现为知名平面设计公司"瀚清堂"使用，内设全国唯一的德国莱比锡"世界最美的书"展厅，值得参观。

参观指南：展厅对外开放，提前预约即可免费观展（每天限 10 名）。

雍园1号
白崇禧公馆
推荐参观指数：★★

建于20世纪30年代，三层，平面呈"凹"字形，有两个对称的居住单元，入口处设有欧式风格的弧形阳台。该处据称是国民政府蒙藏委员会委员长黄慕松的旧宅。

同院的雍园23号双联别墅亦为民国建筑，立面中轴对称，入口处有4根古典式圆柱支撑多边形阳台。

参观指南：两者都位于雍园21号旁的居民大院内，大院一般不开放参观（需与门卫协商）。

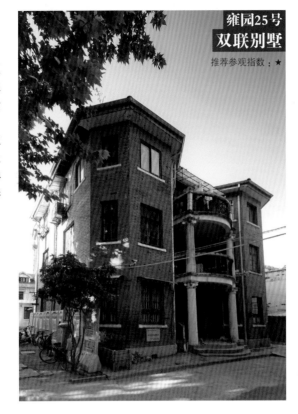

雍园25号
双联别墅

推荐参观指数：★

左页

雍园一带公馆林立，形态各异，雍园1号是其中的大宅。宅院四周高墙环绕，院内2幢砖红色的西式洋楼相对而立，楼前有雅致的小花园。抗战胜利后，1946年，白崇禧携全家入住，至1949年4月离开南京之前，一直居住于此。

白崇禧（1893—1966），陆军一级上将，曾任国民政府国防部部长、参谋总长，因足智多谋而有"小诸葛"的称号。

1987年，白崇禧之子、台湾作家白先勇曾回此故里追寻童年的记忆，感慨良多。他在《石头城下的冥思》一文中写道："找到了南京旧居，大悲巷雍园1号的房子依然无恙，连附近的巷陌、比邻的梅园新村也没有多大变动……"在《白先勇文集》里还有一张1947年的全家福，拍照地点就是现在的雍园1号，黑白照片上依稀可见树木掩映中的房舍。

参观指南：现为私宅，不对外开放，沿大悲巷可欣赏建筑西面外观。

桃源新村
民国建筑群

推荐参观指数：★★

　　桃源新村位于雍园以北，片区内共有 26 幢风格不一的民国建筑，是民国时期国民政府中下级公务人员的集中居住区。与梅园新村和雍园不同的是，桃源新村内的建筑以两层联排住宅为主，共有 5 组 9 幢，最长的一幢长达 50 余米。外墙面做成民国时代流行的杏黄色拉毛粉刷，独具特色。

　　因蜗居于街区深处，桃源新村的巷陌空间、建筑单体、院落及绿化多年来未遭受大的破坏，成为民国旧都南京的一道风景线。徜徉其间，青石小径、清水砖墙、一字排开的老虎窗，真好似一首无声旋律、一幅立体油画，让人有时光倒流的感觉。善于捕捉商机的影楼已经在这里拍起了外景，而聪明的居民也想到了利用宅院开一家"民国印象青年旅舍"(这会儿还没开着，读者可以打探一下)。

　　参观指南：整个建筑群现均为民宅，仍有人居住，很有生活气息，和居民们聊聊也是件乐事。

珠江路700号
中央地质调查所

推荐参观指数：★★★

行至珠江路 700 号的江苏省地质矿产勘查局大院门口，即可望见院内正对面一幢砖红色的建筑。它看上去那么简洁、现代，如果不告诉你，可能很多人都想不到，它也是民国建筑。这幢大楼就是中央地质调查所旧址。

中央地质调查所是中国近代史上第一个全国性地质研究机构，其前身为 1913 年北洋政府工商部矿政司设立的地质调查所，1935 年由北平南迁至首都南京，并改名为中央地质调查所。其主楼是一幢德式现代派建筑，由著名建筑师童寯（jùn）设计，1935 年竣工。建筑三层，钢筋混凝土结构，立面构图中轴对称，中部高耸，入口两侧设踏步直通二楼。清水红砖墙面，局部砌出凸起小块，呈现有规律的图案。可以想象，在 20 世纪 30 年代的南

1936年的中央地质调查所陈列馆内部

京城，它是一幢多么醒目、前卫的建筑。

大楼第二、三层为陈列馆，1937 年初正式开幕，成为当时全国一流的地质矿产陈列馆。至抗战全面爆发前夕，已建成地质矿产、古生物化石、地层学、燃料、土壤、史前文化等 12 个陈列室。抗战期间，该处遭到破坏，侵华日军将馆内标本和设备大肆糟蹋，时至隆冬，日军甚至将展柜拆下烤火取暖，标本被捣毁丢弃，损失惨重。1945 年抗战胜利后，中央地质调查所返回南京，逐步恢复陈列馆，但直到 1949 年南京解放前夕，也没有恢复原貌。1949 年后经过整理充实才得以恢复。2006 年改造后重新开放。

参观指南：现为南京地质博物馆老馆，它与 2010 年建成的新馆组成了南京地质博物馆完整的展览格局，可免费参观（周一、周二闭馆）。这儿离哪号地铁都不算太近，相距较近的地铁站是 2 号线西安门站（约 700 米）、3 号线浮桥站（约 1000 米）。

1号楼

　　1927年国民政府定都南京后，蒋介石决定将在广州的黄埔军校迁至南京，建立中央陆军军官学校，校址设在清朝陆军学校旧址，蒋介石任校长。

　　作为对军权极为重视的蒋介石培养军官的大本营，中央陆军军官学校的建设得到了重视。反映在建筑形式上，与国立中央大学建校一样，学校内的建筑风格以西式为主。校内建筑分两个时期。办校之初，沿用清朝陆军学校建筑。从1928年至1933年，先后建造了大量的校舍，逐渐形成了以西式建筑为主的建筑群，其中最具有代表性的是1号楼、大礼堂、憩庐和122号楼。

　　1号楼位于大礼堂的正南方，建于1908年，是清政府陆军部招标建筑。平面为一字形，中间部分高三层，两侧高两层。中央陆军军官学校成立后成为办公楼。

　　参观指南：建筑位于东部战区司令部大院内，全国重点文物保护单位，不对外开放。

原址为中央陆军军官学校，抗战胜利后，国民政府国防部设立于此，建筑基本上都是原来军校的校舍。

大礼堂位于学校的中央，1929 年竣工，由张谨农设计。主体两层，立面呈三段式布置，有文艺复兴时期府邸建筑的影响。中央入口处设 3 个拱门，有 8 根爱奥尼柱，门廊顶部建有钟楼。东西两侧入口处各有 1 个拱门，门侧各设 4 根爱奥尼柱，上各建有 1 座塔楼。大厅能容纳一两千人，有完整的休息廊、讲台及附属用房。这里还是曾举行中国战区侵华日军投降签字仪式的地方（1945 年 9 月 9 日）。

参观指南：建筑位于东部战区司令部大院内，现为军史馆，全国重点文物保护单位，一般不向公众开放。

大礼堂

黄埔路3号
憩庐总统官邸

推荐参观指数 ★★★

说起蒋介石在南京的官邸，人们首先想到的是美龄宫，其实不然。从 1929 年到 1949 年，除去抗战期间迁都重庆的 8 年外，蒋介石起居、工作的主要场所，是这处叫憩庐的小楼。

蒋介石对中央陆军军官学校有一种非同一般的情结，喜欢以"校长"自居，故将官邸选址在黄埔路上的中央军校内，与军校师生住在一起，并自己为它起了一个雅号——憩庐。

憩庐又称总统官邸，建于 1929 年。两层西式建筑，入口处有圆拱装饰的方形门廊，红砖墙体，屋顶覆红色机平瓦，室内用木地板、木楼梯，自来水龙头、风钩、插销等均为铜制品。建筑门特别多。

1949 年后，陈毅元帅、刘伯承元帅和南京军区司令员许世友将军等曾先后在此办公。

如今，这幢小楼依旧安卧在黄埔路 3 号内，一如初建时的模样。

参观指南：建筑位于东部战区司令部大院内，普通人无缘得见，相关图片资料少之又少，这里带给大家的几幅实景还是比较珍贵的。

向东第二条参观路线

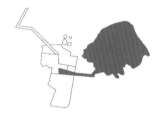

这是观赏民国建筑的传统经典路线。本条路线从新街口广场出发，向东涵盖了中山东路及整个钟山风景名胜区。

中山东路于1929年兴建，是为迎接孙中山先生灵柩回南京安葬而开辟的中山大道的一部分，系东西走向的主干道，西起新街口广场，东至中山门，它与西面的汉中路构成南京市的东西方向主轴线。全路宽广笔直，两旁各有一排高大的法国梧桐，遮天蔽日。沿线密集分布着多处优秀民国建筑，是南京市重点打造的景观道路。

中山东路沿线的民国建筑，除"128号""132号"外，全都位于道路北侧。自新街口广场起，依次有：

中山路1号 交通银行南京分行（第54页）。

中山路3号 浙江兴业银行南京分行（第56页）。

中山东路75号 中央通讯社（第57页）。

中山东路128号 国民政府财政部（第58页）。

中山东路128号 孔祥熙公馆（第60页）。

中山东路132号 国民党中央广播电台。国民党中央广播电台设立于1928年，抗战时期西迁重庆。抗战胜利后迁回南京，其台长室和播音控制中心设于此，发射台设在今江东门北街33号（见第501页）。现存两层楼房1幢，四坡顶，屋顶有老虎窗，朝南入口设拱门。在其对面楼房的墙角处，还竖有2块"中央广播电台界"界石。建筑位于今江苏人民广播电台大院内，经改造，现为办公用房，不对外开放。

中山东路145号 国民政府经济部（第62页）。

中山东路237号 中央饭店（第63页）。

中山东路305号 中央医院（第64页）。

黄埔路1号 国民政府卫生部（第66页）。

中山东路307号 励志社（第68页）。

中山东路309号 国民党中央党史史料陈列馆（第70页）。

中山东路313号 国民党中央监察委员会（第72页）。

中山东路321号 国立中央博物院（第74页）。

中山门（第76页）。

南京地铁2号线贯穿中山东路，在中山东路设4站，分别是新街口站（近交通银行南京分行、浙江兴业银行南京分行、中央通讯社）、大行宫站（近中央饭店）、西安门站（近中央医院、国民政府卫生部、励志社、国民党中央党史史料陈列馆）、明故宫站（近国民党中央监察委员会、国立中央博物院、中山门），朋友们可就近下车寻访。

中山东路1号
交通银行南京分行
推荐参观指数：★★★

这座位于新街口广场东北角的民国建筑，一直以来都是中山东路的地标。1933年由上海缪凯伯工程司设计，1935年竣工。大楼正面朝南，采用夸张尺度的西方古典柱式构图，门口有4根高达9米的爱奥尼式巨柱直抵三楼，东西两侧立面各有6根爱奥尼式檐柱。整个建筑显得高大雄伟，浑厚凝重，线条丰富，做工细腻，以此来表现银行的雄厚资本和经济实力。

新街口与中山东路旧影，摄于20世纪30年代，画面左侧即交通银行南京分行大楼

曾经，它是交通银行南京分行行址。1937—1945年日军占领南京期间，这里成为汪伪中央储备银行，当时在顶部平台上又增建了一座两层建筑。抗战胜利后，一度被中央银行南京分行占用，不久，交通银行南京分行在原址恢复营业。1949年后，这里成为中国人民银行南京分行所在地。1984年中国工商银行成立后，这里又成为工商银行南京钟山支行的办公大楼。2009年修缮时，将汪伪时期顶部加盖的两层楼拆除，改造成一座金字塔形的玻璃顶。

参观指南：一楼大堂开放，可入内参观。该处毗邻地铁1号线/2号线新街口站7号出口。

中山东路3号
浙江兴业银行
南京分行

推荐参观指数：★★

中山东路75号
中央通讯社
推荐参观指数：★★

　　中央通讯社简称"中央社"，是国民党创办的中华民国官方通讯社。大楼由著名建筑师杨廷宝主持设计，共七层（地下一层），钢筋混凝土框架结构，平面为工字形，立面采用对称构图，造型简洁大方，是早期现代式高层建筑的典型实例。1949年前只完成基础部分，1950年按原设计图纸继续建成，至今保存完好。

　　参观指南：该处位于南京新华书店新街口旗舰店对面，现为部队用房，不对外开放，可远观建筑外貌。

左页

　　该建筑与中山东路1号的交通银行南京分行比肩而立，与1号的声名在外不同，这位邻居，知道的人就少一些了。

　　浙江兴业银行由江浙资本家于1907年在杭州创建，是我国最早的商业银行之一。它与浙江实业银行、上海商业储蓄银行、新华信托储蓄银行合称"南四行"。1914年迁至上海，1931年在南京开设分行。此建筑建于1937年，高四层，钢筋混凝土结构，采用简洁大方的现代风格。

　　参观指南：现为中国银行南京新街口支行所在地，沿中山东路可欣赏建筑立面。大堂可进入参观，但谢绝拍照。

中山东路128号
国民政府财政部

中山东路 128 号实际上是一座被 4 条街巷合围起来的大院，大院的大门面朝中山东路。因在施工，此门已很久不开。大院中当年的财政部建筑大多已拆除，资料显示尚存两座：一座是财政部大门，另一座是财政部长官邸。

从临中山东路的大门看，这座大门实在不怎么气派，看不出曾是财大气粗的财政部的大门。对比历史照片，可知大门正上方原书"财政部"三个大字，两侧各有一个形似古代钱币的镂空装饰，现已踪影皆无了。财政部长官邸也即后页介绍的孔祥熙公馆，就在这大院中。

大院内现编号为"24幢"的灰色大楼，据居民称也是财政部建筑，但未经文献证实。

1937年12月，日军占领财政部

大院内的"24幢"，外墙面已出新，灰、白两色涂料饰面

参观指南：中山东路 128 号大院形状狭长，院墙外一侧是西祠堂巷，另一侧是抄纸巷。也就是说，大院被这两条长巷夹着。大院的南面临游府西街，日常通行入口开在游府西街上。现为部队家属大院，可进院参观。

背面

中山东路 128 号昔日是国民政府财政部所在地，此楼为财政部长官邸，亦称"铁汤池官邸"。三层西式建筑，外墙黄色，正面入口处有半圆形门廊。

该处原先由财政部部长宋子文居住。20 世纪 30 年代初，张学良多次到南京与蒋介石会晤。在南京期间，张学良都是下榻在宋子文的铁汤池官邸，蒋介石也多次亲临铁汤池官邸看望张学良。

1933 年，孔祥熙担任财政部部长，掌理国家财政金融长达 12 年之久，这里成为其主要住所之一。抗战胜利后，孔祥熙主要住在高楼门 80 号，大概是不在财政部办公了，也不好再住在财政部大院里。1949 年后，铁汤池官邸由部队接管。

参观指南：中山东路 128 号大门左右各有一条小巷，东为西祠堂巷，西为抄纸巷。顺其中一条小巷走进去，走到头即达游府西街。在这两条巷子之间的游府西街 42 号，有一小区名"有福家苑"，乃部队家属大院。可向门卫说明来意，进大门直行到底，官邸位于右手，十分显眼，现编号为"11 幢"。其围墙不高，在院外可欣赏建筑外观。

中山东路145号
国民政府经济部

推荐参观指数：★★

国民政府经济部的前身是实业部，1931年成立，隶属行政院。1938年改组扩大为经济部，主管全国经济行政事务。现存三层西式大楼1幢。

参观指南：现为南京市体育局所在地，建筑被迎街的南京全民健身中心大楼所遮挡，故沿中山东路看不见。从全民健身中心旁的小路进去，绕至大楼背后即可见。

右页

中央饭店建于1929年，原计划建七层楼，但当局认为此地与国民政府（即总统府）仅一街之隔，不宜建得过高，只批准建造三层。外形西式，以红白相间的方格为主要构图手段，典雅大方。除供住宿外，还设有中西菜社、弹子房、理发馆等，以西餐著名，设施应有尽有，是20世纪30—40年代首都南京最负盛名的饭店之一。

1930年1月，中央饭店正式开业，成为当时达官显贵举办喜宴的主要场所，接待过许多重要历史人物。张学良、周恩来、朱德、叶剑英、龙云、梅兰芳、美国大使司徒雷登等人都曾光临下榻。1949年后，该处被部队接收，后成为部队家属宿舍。1995年将住户迁出，按原貌恢复为中央饭店，同年9月重新开业。

现今的中央饭店，朝南迎街客房的铸铁阳台均为民国时的原物，楼内的楼梯、栏杆扶手以及大部分客房的地板也保持原状，民国时期特有的古朴典雅格调体现得淋漓尽致。

CENTRE HOTEL

中央饭店

参观指南：饭店对外营业，可参观和消费。该处位于总统府正南方，东邻江苏省美术馆新馆，西傍南京图书馆，最近的地铁出口是2号线/3号线大行宫站1号口（约250米）。

中山东路305号
中央医院

推荐参观指数 ★★★

1929

中国人民解放军普通外科研究所

中国人民解放军肾脏病研究所

中央医院是"简朴实用式略带中国色彩"建筑风格的典型实例，其主楼由著名建筑师杨廷宝设计。

中央医院主楼，摄于20世纪30年代

中央医院的前身是1929年1月奉蒋介石之命筹建的中央模范军医院，主要收容伤病员，兼便市民就诊。1930年1月改名为中央医院，划归卫生部直接管辖。1931年国民政府拨款扩建中央医院，1933年6月竣工。最后形成的格局是中央医院在南侧，由中山东路出入；卫生部在中间，由黄埔路进出；卫生实验院在北部，靠近珠江路。

扩建后的中央医院成为民国时期南京地区规模最大、设备最完善的国立医院。整个医院

布局按照现代医院的功能布置，门诊部、病房等分区明确，配置合理。虽历经80余年的变迁，现医院的使用仍未失去当初的设计意图，足见建筑师的专业造诣和远见。

在造型风格方面，中央医院的设计体现了新颖的建筑艺术审美观。主楼采用"TT"形对称平面，高四层，平屋顶，使建筑形体成为几何体块的组合，呈现简洁明快的西方现代主义特征。外立面用浅黄色面砖贴面，砌出凹凸和纹理变化。细部则采用中国传统装饰符号和花纹，平添民族风格之神韵。整个建筑达到了功能、技术和形式的高度统一，堪称中国现代建筑开创时期的杰作。

参观指南：建筑保存完好，至今仍在使用。现为东部战区总医院的研究所大楼，可入内参观。该处临近地铁2号线西安门站1号出口（约200米）。

1929

　　国民政府卫生部在中央医院的北端，由卫生署长刘瑞恒于1931年3月委托著名建筑师范文照设计。因"九·一八事变"及"一·二八"淞沪抗战，工程停顿，后于1933年9月竣工。建筑高三层，平面呈口字形，外墙采用石基和耐火砖为墙体，简洁庄重，坚固实用。1949年后，在原三层的基础上增加一层，并将平顶改为坡顶。

　　参观指南：建筑位于今东部战区总医院生活区内，现为医院办公楼，可欣赏外观。

　　"黄埔路1号"即生活区的大门，未挂门牌号，实际就在黄埔科技大厦对面。进大门后，左手为大礼堂，大礼堂的南侧即该建筑。若从中山东路上的医院大门进入，也可达生活区。

国民政府卫生部，摄于20世纪30年代，当时为三层、平顶

礼堂

励志社全称"黄埔同学会励志社",创立于1929年,蒋介石兼任社长,社址设在黄埔路中央陆军军官学校内。1931年迁至中山东路307号。

励志社是个什么样的机构呢?说起来它应是个服务机构,虽是如此,它它主要任务是为蒋介石提供各种特勤服务,还承担着国民政府军政要员和外交活动接待工作,被称作蒋介石的内廷供奉机构,所以又具有相当神秘的政治色彩。

励志社建筑建于1929—1931年,由著名建筑师范文照、赵深设计。共有3幢,钢筋混凝土结构,仿清代宫殿式建筑。宽大的台基,衬托飞檐翘角、斗拱彩画,外观古色古香。其中,中楼和东楼是接待贵宾住宿的现代式宾馆客房,张学良曾多次在此居住。另一幢建筑为礼堂。礼堂是演出戏剧、播放电影的多功能厅,其外观特别是屋顶综合了四角攒尖、重檐、歇山、盝顶等多种样式,形体丰富。内部设有门厅、休息室、观众大厅及其他服务设施,蒋介石、宋美龄曾多次在此观赏梅兰芳等名家演出。

中楼(现编号为1号楼)

中楼(1号楼)内景

参观指南:建筑位于今钟山宾馆内,为全国重点文物保护单位,可欣赏外观。距该处最近的地铁出口是2号线西安门站1号口(约500米)。

中山东路309号
国民党中央党史史料陈列馆

推荐参观指数：★★★

国民党中央党史
史料陈列馆，摄
于1936年

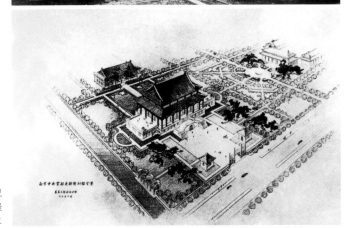

国民党中央党史
史料陈列馆全景
图，绘于1935年

俗称"西宫"，由著名建筑师杨廷宝设计，1936年落成。仿清代宫殿式主楼高三层，钢筋混凝土结构，重檐歇山顶，庄重宏伟。楼前有露天的八字形台阶直达二层，二层东西为平台，中部24根暴露式和16根半嵌入式朱红色圆柱形成宽敞明亮的走廊。1949年后改为中国第二历史档案馆，集民国主要史料珍藏于此。

参观指南：该处为全国重点文物保护单位，不对外开放，沿中山东路可欣赏建筑正面外观。该处位于地铁2号线西安门站与明故宫站之间。

国民党中央监察委员会主建筑鸟瞰

俗称"东宫",由著名建筑师杨廷宝设计,1937年竣工。其建筑由一座仿清代宫殿式主建筑及围墙、大门、警卫亭组成,规模和式样与国民党中央党史史料陈列馆("西宫")相似。

平面布局南北向,建筑主轴线与中山东路垂直,轴线东西两侧对称。主建筑高三层,钢筋混凝土结构,重檐歇山式大屋顶,深绿色琉璃瓦屋面,外墙用深黄色缸砖贴面。檐口部分仿木斗栱,红漆圆柱,梁额彩绘,菱花门窗。主建筑底部是一层平台,四周围以云纹假石栏杆。平台南北分别设人字形台阶。

参观指南:现为东部战区档案馆,全国重点文物保护单位,不对外开放,沿中山东路可欣赏建筑正面外观。该处临近地铁2号线明故宫站1号出口。

主建筑装饰细部

国立中央博物院徐敬直方案最后修正图（1935年绘制）

国立中央博物院的建筑形式采用仿古式，但与其他的仿清式建筑不同，它仿辽式。辽代建筑继承了唐代建筑的风格，造型雄浑朴实，屋面坡度较平缓，立面的柱子从中心往两侧逐渐升高，使檐部缓缓翘起，减弱了大屋顶的沉重感。最为显著的特征是檐下简洁粗壮的斗栱，占据了立面上很大比例的高度，从柱头上层层出挑支承着深远的屋檐。

国立中央博物院建筑设计的指导思想是力图体现中国早期建筑风格。当时中国营造学社的测绘成果中已经有了辽代建筑的实例，这是当年中国发现的最古老的木构建筑，于是决定采用辽式建筑风格来建造博物院。经过评选有杨廷宝、童寯、李宗侃、徐敬直等建筑名家参加的竞赛方案之后，决定徐敬直、李惠伯的设计方案为第一名，并在梁思成、刘敦桢指导下进行修改后实施。

最后的建筑设计在总体布局上，主体建筑远远退离中山东路主干道，形成前广场，使视觉上有了非常宽阔的观赏距离。主殿以钢筋混凝土结构做出地道的辽代佛寺大殿的形象，它的鸱尾、瓦当等构件都是经过一番考证后加以制作的，檐柱还做出"生起""侧角"，保持着严格的辽式细部。

由于建筑形式仿古，经费与施工颇为耗财耗时，在当时抗战的环境下导致完工日期一拖再拖，从1936年动工直至1947年才完成大体轮廓，20世纪50年代初陆续完成全部工程。

参观指南： 现为南京博物院大殿，常年免费开放，可凭有效证件领票入馆参观。该处紧邻中山门，最近的地铁出口是2号线明故宫站1号口（约400米）。

大殿内部

中山门

推荐参观指数：★ ★

此门旧称朝阳门，为南京明城墙的 13 座内城门之一。1928 年，国民政府为迎接从北平南下的孙中山先生灵柩，兴建中山大道时，将门洞狭小的朝阳门拆除，改筑为三孔券门，并在门洞上嵌"中山门"石额，由谭延闿题写。

1943 年，中山门额改为汪精卫的隶书石额。1946 年，汪精卫的落款被凿去，但他的"中山门"3 个字一直沿用了 50 年。

1996 年，中山门的三孔券门被改为沪宁高速公路进入南京城的入口，在施工同时，将汪精卫的题字换成了王献之的集字。

现为全国重点文物保护单位。

出中山门，即进入钟山风景名胜区。钟山风景名胜区以中山陵园为中心，散布着众多的民国建筑，错落有致地掩映在苍松翠柏之中。主要的民国建筑有：

铁匠营 80 号 中央政治学校地政学院。传说当年的军统局密码研究所也位于此。环境幽静而神秘，浓荫覆盖的大院内，十几幢民国低层建筑和各式院落散落其间，现已改造成"T80 科技文化国际社区"。此处毗邻下马坊遗址公园，位于地铁 2 号线下马坊站以北不远的山脚下。由下马坊站 2 号口出站，沿博爱路下穿高速公路后，向右一转，即到园区入口。

汪精卫墓遗址。位于梅花山顶，建于 1944 年。抗战胜利后，1946 年被国民政府工兵炸毁墓室。后于 1947 年在墓址上建了一座廊亭，就是现在的"观梅轩"。

中山植物园。始建于 1929 年，原名为总理陵园纪念植物园，是中国第一座国立植物园，现为中国著名植物园之一。该处紧挨着梅花山，临近梅花山 1 号门；门票 15 元。

陵园路

推荐参观指数：★★

1928 年，国民政府为了迎接孙中山先生的灵柩到南京，修建了中山大道。然而这条路只到中山门为止，连接中山门与中山陵的这一段，就是建于 1929 年的陵园路。

陵园路起于中山门大街／卫桥路口（临近地铁 2 号线苜蓿园站 1 号出口），止于中山陵博爱广场西侧，全长 2.6 千米，是游客进入钟山风景名胜区的主要道路。道路两侧，民国时期栽植的法国梧桐挺拔参天，遒劲修长的枝条直指苍穹，刚劲的枝干如一幅幅素描画，更似一座座雕塑，成为中山陵园的第一道风景。每到夏日，两排梧桐搭建的绿色长廊，用浓荫遮蔽似火的骄阳，给行走其下的游人庇以清凉。陵园路由此被誉为"绿色隧道""南京最美道路之一"。

卫岗55号
国民革命军遗族学校

1928 年 11 月，国民政府决定在首都南京紫金山麓的中山陵园附近，创办一所革命烈士子弟学校，专门收容北伐战争中阵亡将士的子女和辛亥革命中牺牲的先烈后代，由国家培养教育，学校定名为"国民革命军遗族学校"。中山陵设计者吕彦直设计校舍，宋庆龄、宋美龄先后担任校长。学校建设规模宏大，教室、宿舍、办公室、医院、农场、厨房、浴室、游泳池等一应俱全，环境优美。

主楼

旧址位于今"前线大院"文化创意园内。

从"卫岗 55 号"的南入口进园区，直行 200 米，左手边就是校门。校门为仿古的四柱三拱门牌楼，五彩斑斓，气势不凡。

进校门，迎面即当年的大操场，教学楼三面环立，均为单层建筑。主楼平面丁字形，左楼平面方形，右楼平面王字形。每栋楼均前出抱厦，上盖宫殿式屋顶，左右连偏房。中央大草坪遍植石榴，有波浪边西式花坛环绕。教学楼四周分布有附属建筑。建筑群掩映在松柏间，楼宇林立，若隐若现。

北部是宿舍区。迎面有一幢两层的办公大楼，为中西合璧式样的宫殿式建筑，开敞式外廊，楼梯设仿古汉白玉栏板，柱头带雀替，屋顶有阁楼。大楼两侧分布着宿舍平房。

此外，在美龄宫内，路边还竖着一块右任手书的"遗族学校界"界石。而在邻近的南京农业大学家属区内，尚遗存一座国民革命军遗族女子学校大门牌坊。

参观指南：距"前线大院"南入口最近的地铁出口是 2 号线苜蓿园站 1 号口（约 550 米）。从园区最北端的北入口走出"前线大院"，就可直通明孝陵景区 5 号门。

办公大楼

中山陵9号
国民政府主席官邸

推荐参观指数 ★ ★ ★

出中山门，转入陵园路，一路前行，所到第一处重要的民国建筑，就是美龄宫。其正式名称是"国民政府主席官邸"，1934年建成。

主楼依山而建，其形状近似"凸"字形，高三层，有地下室。建筑采用钢筋混凝土结构，外观为仿中国传统宫殿式样，歇山顶，覆绿色琉璃瓦，飞檐翘角，雕梁画栋。墙身则采用现代手法，外部贴黄色面砖，设长方形钢窗，下为条石基座，周围平台及栏杆用石制。入口位于北面，有门廊，进大门后有门厅及大扶梯，室内设施完全西化。作为中西合璧的典范，当年被美国驻华大使司徒雷登赞誉为"远东第一别墅"。

参观指南：该处为全国重点文物保护单位，现在内部另辟出宋美龄与美龄宫文物史料陈列馆、民国影院、咖啡吧、文史书吧等，需购票参观（全价30元）。交通方面，乘地铁2号线到苜蓿园站1号出口出来，沿着陵园路即可走到，行程约1.3千米，有点累。当然也可在地铁出口乘坐景区观光车，5分钟即到。

从空中俯瞰，美龄宫整体犹如一串镶有绿宝石挂坠的珍珠项链，美轮美奂

中山陵3号
永丰社
推荐参观指数：★★

中山陵建成后，为了更好地缅怀孙中山先生，陵园管理委员会又兴建了众多附属纪念性建筑，行健亭便是其中之一。

行健亭位于永丰社斜对面，陵园路与紫金山路交叉口。

《周易》云："天行健，君子以自强不息。"行健亭即以此命名。

行健亭由广州市政府捐建，著名建筑师赵深设计，1933年落成。亭为方形，钢筋混凝土结构，重檐攒尖顶，覆蓝色琉璃瓦，朱红立柱，梁枋、藻井、雀替都施以彩绘。亭内四周设坐栏，供游人休憩。

从中山门到中山陵，沿途林木葱郁，五彩斑斓的行健亭于万绿丛中，给单一色调的林荫大道增色生辉。

**中山陵附属建筑
行健亭**

推荐参观指数：★★

左页

出美龄宫，沿陵园路继续前行约1千米，右手一所小院，就是永丰社了。

永丰社建于1933年，由中央陆军军官学校捐建，抗战期间被毁，片瓦无存。1993年，陵园管理部门按原貌重建，红柱白墙，卷棚顶，屋面原来的黑色筒瓦改用蓝色琉璃瓦，与中山陵色调一致。

2014年，中山陵景区与南京先锋书店合作，将永丰社打造成一家以诗歌为主题的书店——永丰诗舍。

参观指南：书店不大，却处处流露出诗意和精致。和五台山先锋书店一样，这里也几乎是每个文艺青年到南京的"打卡"之地。

中山陵8号
孙科公馆

推荐参观指数：★★★

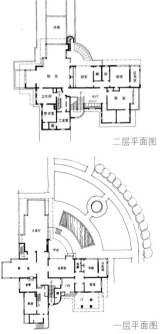

二层平面图

一层平面图

看完行健亭，在陵园路与紫金山路交会处左转，沿紫金山路西行约 300 米，左手有一所大院，门口写着"中山陵 8 号"。进入院门，左手那条小路上布满了郁郁葱葱的大树，完全挡住了来者的视线，一眼望去，只能看到一座花园。

其实，花园的深处掩藏着一幢民国别墅，才是中山陵 8 号真正的核心，鲜对外界开放。这就是传说中的孙科公馆，又称"延晖馆"。

孙科（1891—1973）是孙中山先生的长子，曾任国民政府考试院、行政院、立法院院长。该公馆建于 1948 年，由著名建筑师杨廷宝设计。因孙科热衷现代时尚，故建筑采用西方现代风格。高两层，钢筋混凝土结构。从平面图可以看到设计基本呈十字形，布局自由灵活，呈简洁的几何形组合，入口朝北，前后各有一个弧形阳台。院内林木森森，环境幽深雅静。

1949 年后，刘伯承元帅和许世友将军先后在此居住过，其间对庭院布置和室内陈设改动较大。近年来经过修缮，慢慢恢复了旧观，并改为宾馆。

参观指南：建筑位于今东苑宾馆内，编号为"1 号楼"，可欣赏外观。

中山陵附属建筑
孝经鼎

推荐参观指数：★★

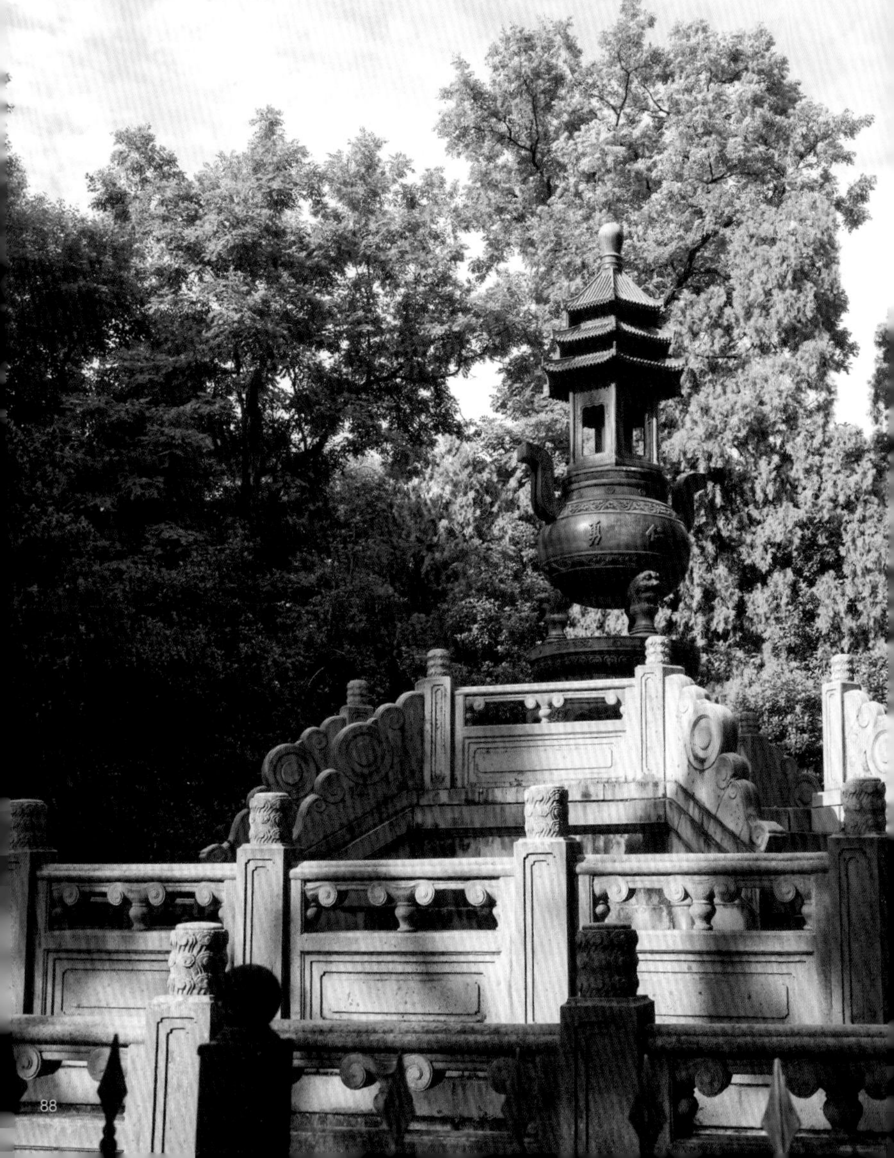

　　中山陵是伟大的民主革命先行者、中华民国和中国国民党的缔造者孙中山先生的陵墓，自 1926 年春动工，至 1929 年夏建成。主体建筑有博爱坊、墓道、陵门、石阶、碑亭、祭堂、墓室等，排列在一条中轴线上。附属建筑有音乐台、光化亭、流徽榭、仰止亭、藏经楼、永慕庐、行健亭、永丰社等，众星捧月般环绕在陵墓周围。中山陵及其附属纪念建筑群均为建筑名家之杰作，有着极高的建筑艺术价值，被誉为"中国近代建筑史上第一陵"。

　　参观指南：中山陵陵寝免费开放，陵门以上核心区域（包括陵门、碑亭、祭堂、墓室）实行实名制预约参观（每周一闭馆）。可乘地铁 2 号线至苜蓿园站或下马坊站下车，然后换乘景区观光车或沿步道步行前往。

左页

　　中山陵博爱广场正南端有一座八角形石台，分三层，每层围以石栏，台上那尊三足两耳的紫铜宝鼎，高 4.3 米，重有万斤，即为孝经鼎。此鼎 1932 年由金陵兵工厂铸造，国民党元老、国立中山大学校长戴季陶与中山大学师生捐赠。鼎一面铸有"智、仁、勇"3 个字，是中山大学校训。另一面原来铸有"忠、孝、仁、爱、信、义、和、平"8 个字，是孙中山提出的中国人的传统"八德"，"文革"中被磨去。鼎内竖有一块六角形铜牌，上刻戴季陶母亲黄老太太手书《孝经》全文。

　　参观指南：孝经鼎作品虽小，但其精巧细腻的设计，依然堪称一处优秀景观。可登台就近观赏。

关于中山陵的介绍可谓卷帙浩繁，就不用多讲了。省出版面给大家看两个平常看不到的场景吧，比如这幅"没人的中山陵"

中山陵是中国建筑师吕彦直最著名的作品。在建造过程中所经历的曲折与艰辛，可以说耗尽了他一生的心血。1929年3月，吕彦直主持建造中山陵积劳成疾，工程还未告成就不幸逝世，年仅36岁。1930年5月，为了表彰吕彦直为建造中山陵所作出的杰出贡献，总理陵园管理委员会决定在祭堂西南角奠基室内为吕彦直建纪念碑，这一举措堪称空前绝后。

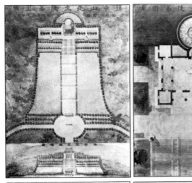

吕彦直及其中山陵设计竞赛成果图

吕建筑师彦直遗像

孙中山先生陵墓形势全图

91

中山陵附属建筑
音乐台

推荐参观指数：★★★

音乐台位于中山陵博爱广场东南，建于1933年，由旅居美国旧金山的华侨和国民党辽宁省党部合资捐建，著名建筑师杨廷宝设计，主要用作纪念孙中山先生仪式时的音乐表演及集会演讲。

音乐台为钢筋混凝土结构，平面布局呈半圆形，圆心处建舞台。台后建弧形大照壁，是音乐台的设计主体，仿中国传统五山屏风样式，既为舞台背景，又起到反射声波的作用。壁顶端雕云纹图案，云纹图案之下，雕有三个龙头。台前有一汪月牙形莲花池。池前依坡就势，修整成半径50米的半圆形盆状大草坪，作为欣赏演出的座席，可容纳三千观众。沿草坪外缘绕以回廊，上架花棚，下置石凳，供游人坐憩。音乐台与周围自然环境和谐统一，建筑精美，是中山陵重要的纪念性建筑之一，现已成为南京市举办音乐会的绝佳场所。

参观指南：门票10元，也可买套票。现音乐台有许多白鸽，可在音乐台买饲料喂这些白鸽。夏天的时候有森林音乐会可以聆听，冬天可以来此赏雪

中山陵附属建筑
光化亭

推荐参观指数：★★★

光化亭系孙中山先生奉安大典后由海外华侨赠款建造，建于1931—1934年，建筑学家刘敦桢设计。亭为八角形，重檐攒尖顶，福建花岗石构筑，通体灰白，不敷色彩，不用一钉一木。亭有圆柱12根，外圈8根，内圈4根。屋脊、屋面、檐椽、斗拱、梁柱、雀替、藻井等部件全用花岗石雕成，纹饰至细，刻工至巨，为陵园中最精美的附属建筑之一。

参观指南：光化亭坐落于中山陵博爱广场东侧的小山阜上，谒陵者至墓道首即可见该亭之顶显露于苍松翠柏之间。

顺便说一句，有媒体把"光化亭"写成了"光华亭"，有误。

中山陵附属建筑
流徽榭

推荐参观指数：★★★

流徽榭静卧在中山陵至灵谷寺大路南侧的流徽湖畔，俗称"水榭"。

在中山陵所有的纪念建筑中，仰止亭是唯一一座由个人捐赠的建筑。捐建者叶恭绰曾任北洋政府交通总长、国民政府铁道部部长，也是著名书画家。

仰止亭坐落在中山陵至灵谷寺大路北侧、与流徽榭一路之隔的小山丘上。此山丘叫梅岭，本无景致，恰好叶恭绰先生写信给陵园，表示愿意捐资建造一座纪念亭，遂于1930年9月开工，由光化亭的设计者刘敦桢设计，1932年秋落成。

亭为正方形，钢筋混凝土结构，朱红色立柱，四角攒尖顶，覆蓝色琉璃瓦，额枋、雀替、檐椽、藻井均施彩绘，雅丽不俗。亭南面额枋上书有"仰止亭"三字，系叶恭绰亲笔题写。

"仰止"二字，出自《诗经·小雅》"高山仰止，景行行止"。叶恭绰给此亭起名"仰止亭"，就是为了表达对孙中山先生的无限敬仰。叶恭绰病逝后，亦葬于此亭西侧。

左页

流徽榭由当时的陵园工程师顾文钰设计，中央陆军军官学校捐建，1932年冬落成。钢筋混凝土结构，顶为卷棚式，覆乳白色琉璃瓦，绿色立柱。榭三面临水，一面傍陆，游人可在此坐憩，也可凭栏眺望湖光山色。

"流徽榭"三字楷书匾额，由黄埔军校第一期学员徐向前元帅题写。

参观指南：流徽榭是陵园内一处风光绮丽的景点，这里山清水秀，湖平如镜，乳白色的水榭倒映湖中，衬以绿树蓝天、大片草坪，构成一幅梦幻般的画面，是游人摄影、作画的理想之所。景区观光环线在流徽榭设有一站。

中山陵附属建筑
藏经楼

推荐参观指数：★★★

　　藏经楼位于中山陵之东、灵谷寺之西的茫茫林海中，是孙中山先生奉安中山陵后修建的纪念性建筑，专为收藏孙中山先生的物品而建。中国佛教协会募建，著名建筑师卢树森设计，1936年竣工。藏经楼包括主楼、僧房和碑廊三大部分。主楼是一座中国传统宫殿式建筑，钢筋混凝土结构，楼层挑檐飞角，顶覆绿色琉璃瓦，梁柱、额枋均施彩绘，建筑内外富丽堂皇。楼前广场石阶上，矗立着孙中山先生铜像，为日本友人梅屋庄吉捐赠。抗战中，藏经楼遭到侵华日军的严重破坏。1984年，藏经楼主楼修复，基本保持了原有建筑风格。1987年，藏经楼辟为孙中山纪念馆。

　　在藏经楼西侧的丛林间，有一座中山书院，其原址是总理陵园管理委员会，抗战时期被侵华日军摧毁。现在的中山书院是1994年新建的。

　　参观指南：藏经楼免费参观。这里没有车可坐，只能步行前往。

1937年12月遭日军空袭和洗劫的总理陵园管理委员会，顶层被炸塌，门窗全部炸飞，桌椅被扔出楼外

中山陵附属建筑
永慕庐
推荐参观指数：★

永慕庐

　　永慕庐位于中山陵东北的小茅山顶、古刹万福寺旁，是孙中山先生亲属守灵处，建于1929年春。永慕庐为中国庭院式格局，建筑古朴，典雅静谧。四周砌以石墙，门楣嵌有国民党元老谭延闿所题匾额"永慕庐"，书法刚劲雄浑。原建筑抗战期间被毁，仅剩残垣断壁，1993年按原貌复建。

　　永慕庐东侧建有议政亭，内置石桌，是孙科当年为父守灵时议论时政和处理公务之地。

参观指南：永慕庐地处僻静，山路较难行走且非常荒凉。

国民革命军
阵亡将士公墓

推荐参观指数：★★★

牌坊

祭堂

　　国民革命军阵亡将士公墓位于中山陵向东约 1 千米处的灵谷景区内，在灵谷寺旧址上建成，是民国时期的国家级烈士纪念场馆。公墓内葬有 1029 名国民革命阵亡官兵，多数是北伐及淞沪抗战中牺牲的将士。

　　公墓于 1935 年落成，设计者是美国建筑师墨菲。建筑群沿南北向的中轴线布置，由南至北依次是正门（即红山门）、牌坊、祭堂（即无梁殿）、公墓、纪念馆（即松风阁）、纪念塔（即灵谷塔），规模十分宏大。

　　牌坊为钢筋混凝土构筑，基座外镶花岗石，绿色琉璃瓦覆顶。正中门额上横镌"大仁大义"四字，背面刻"救国救民"四字，乃国民党元老张静江所书。牌坊前左右两侧有一对石虎，是建造公墓时陆军第十七军所赠。

　　祭堂是灵谷寺仅存的一座明代建筑，砖石拱券结构，不施寸木，所以俗称"无梁殿"。

　　公墓共有三座：第一公墓居中，位于无梁殿后面；第二、第三公墓分列在无梁殿东西两侧各 400 米远的山坡上。时过境迁，1949 年后，公墓改为灵谷公园，第一公墓改为花坛草坪，第二公墓改建为邓演达墓，第三公墓被废弃。

　　公墓尽端矗立着纪念塔，九层八面，是南京现存最高最美的传统楼阁式塔。游客可沿塔内旋梯而上，观涛涛林海，眺钟山山色。

　　参观指南：该处为全国重点文物保护单位，乘景区观光车可至。或乘坐地铁 2 号线，到钟灵街站下车，沿灵谷寺路步行进入景区。门票 35 元，也可买套票。

纪念塔

谭延闿墓

推荐参观指数：★★★

　　谭延闿曾任国民政府主席、第一任行政院院长，1930 年去世，国民政府为他举行了国葬。其陵墓于 1931 年动工，1933 年落成，由著名建筑师杨廷宝设计。

　　因谭墓离中山陵不远，其设计为了有别于中山陵的严谨对称，而采用了自由式的园林手法，总体布局具有幽深曲折之趣。顺应山势，整体分为龙池、广场、祭堂、宝顶、墓园五部分。原宝顶在"文革"中被用炸药炸开，夷为平地。现在的墓是 1981 年重建的，墓内葬有谭延闿的骨灰罐。墓前有一座精雕的汉白玉祭台，是圆明园的古物。

　　参观指南： 该处为全国重点文物保护单位，位于灵谷景区内，其入口标志是灵谷寺东北侧的"灵谷深松"碑。

北

1—龙池
2—灵谷深松碑及石牌坊
3—水榭
4—广场
5—国葬碑
6—祭堂
7—水池
8—宝顶

谭延闿墓总体布局

105

桂林石屋

推荐参观指数：★★

戴笠墓

戴笠墓位于无梁殿西侧国民革命军阵亡将士第三公墓区内，墓址系蒋介石亲自选定。1949年后被平毁，现仅存三列并排的台阶，以及台阶后面平台上倒伏的墓碑，碑文已被凿去。

戴笠（1897—1946）曾任军统局副局长（但为实际领导人）。1946年3月17日，戴笠乘专机从青岛飞往南京途中，在南京郊区江宁岱山失事而亡。

参观指南：该处位于灵谷景区内、无梁殿西侧约500米处，遗址杂草丛生，一片荒凉。

左页

在灵谷塔的西侧，山间小路可通向桂林石屋。桂林石屋原是民国政府主席林森的别墅，建于1932年，由广州市政府捐建，陵园工程师杨光煦设计。石屋共两层，一层是正屋，一层是地下室，全部用条石和石板砌筑，廊栏石雕精美绝伦。四周遍植桂花，故名"桂林石屋"。

林森1905年追随孙中山加入同盟会，是中华民国的缔造者之一。林森平生洁身自好，生活简朴，1931年当选国民政府主席，连任12年国家元首，1943年因车祸逝世。

1937年秋，侵华日军疯狂向南京进攻。日军轰炸机飞行员在飞越紫金山时，看到山麓中有这么一处与众不同的青灰色建筑，断定是国民政府高官住宅，遂投弹轰炸，别墅顿时毁于火海，只存现在看到的断壁残垣。

参观指南：该处位于灵谷景区内最深处，人迹罕至。现在的石屋已经被铁栅栏包围了。

田径赛场看台

田径赛场入口门楼

国术场

　　中央体育场是国民政府为筹办第五届全国运动会而建，全部建筑由著名建筑师杨廷宝设计，1931年竣工。

　　中央体育场分为田径赛场、游泳池、篮球场、棒球场、国术场、网球场（与排球场合用）六部分，其他还有足球场、跑马场等。各赛场均设看台，总共可容60000多名观众，当时堪称"远东第一体育场"。

　　因体育场的位置靠近中山陵园，同时从功能而言，体育场又是传统建筑中所没有的类型，所以在式样的选择上颇费了一番周折。最后还是采用了中国传统风格，而将其形体与装饰略加变化，以满足体育场之用。

中央体育场全景图（1931年绘制）

1—停车场；2—商场；3—网球场；4—国术场；5—食堂；6—田径赛场；7—棒球场；8—游泳池；9—篮球场；10—跑马场；11—足球场；12—马球场

游泳池，摄于20世纪30年代

篮球场，摄于20世纪30年代

2002 年，游泳池在原来露天的基础上改造成了室内游泳馆，但保留了当年入口更衣室的中国庑殿式建筑，以及 8 个观众入口牌坊。2003 年，篮球场被拆除，改建成一座现代化的室内网球馆。而棒球场由于长期被民居湮没，直到 2007 年才被发现其仅存的两座牌坊。目前，只有田径赛场和国术场保存完好。

参观指南：该处位于今南京体育学院内，为全国重点文物保护单位，可进校参观。乘地铁 2 号线至钟灵街站，由 1 号口出站，向北步行约 200 米即到。或乘景区观光环线亦可抵达。

始建于 1934 年，主体建筑仿古造型，因顶部为四方的重檐攒尖顶，自然就有八个檐角，所以又称"八角亭"。

1930 年，随着国民政府高官在中山陵附近修建别墅、官邸渐成风尚，这一带逐渐形成了高级别墅区——陵园新村，该邮局即为配套建设的专用邮局。民国时期，出入这里的都是国民政府的达官贵人，宋美龄经常会来这里邮寄信件。1937 年冬被日军焚毁。抗战胜利后，1947 年重建。1949 年后，陵园新村邮局一度被用作邮局职工宿舍。2013 年经保护修缮，将其辟建成民国邮政博物馆，国民政府主席林森手书的"陵园邮局"大字依然悬挂在正门上方。

如今，这里已不再具备收发信件和包裹的功能，但如果你拿着一张明信片到此，还是可以在工作人员那里盖到印着该邮局图案的邮戳。

邮局路1号
陵园新村邮局
推荐参观指数：★★

参观指南：该处位于南京体育学院以西约 900 米。由南京体育学院向西，沿邮局东路骑行或步行可至，也可乘景区观光环线抵达。免费参观，开放时间：周三至周日的 9:30—11:30、13:00—16:00。

正气亭位于中山陵和明孝陵之间,坐落在紫霞湖北岸山坡上密林深处,系蒋介石自选墓址。

抗战胜利后国府还都南京,蒋介石率政府官员祭中山陵后,考虑到自己日后终老,余暇常去紫霞湖亲临勘察。此处山川雄胜,林壑秀美,蒋介石深为喜爱,以至于有意在百年后将此处作为安息地。于是建亭作标,以壮观瞻。

亭由著名建筑师杨廷宝设计,1947年建成。方形,苏州花岗石为基座,大红立柱,重檐攒尖顶,覆蓝色琉璃瓦,亭内外均饰彩绘。虽经多年的风吹雨打,仍可见当年的光彩鲜丽。亭正面刻蒋介石亲题的"正气亭"额和一副楹联"浩气远连忠烈塔,紫霞笼罩宝珠峰"。亭后花岗石挡土墙上刻着由孙中山之子孙科撰写的《正气亭记》。

参观指南:该处位于明孝陵景区内,偏僻且幽静,游人罕至。不需单独买票,因包含在明孝陵景区门票(70元)内了。

顺便提一句,附近的紫霞湖和紫霞湖水塔也是民国遗存。水塔建于20世纪30年代,由南洋著名华侨企业家胡文虎捐资兴建,是南京地区唯一一座民国时期的水利建筑遗存。

廖仲恺何香凝墓

推荐参观指数：★★★

在中山植物园西侧的林海中，掩映着一座中山陵著名的附葬墓，这就是廖仲恺何香凝墓。

廖仲恺早年跟随孙中山奔走革命，积极协助孙中山改组国民党。孙中山逝世后，他继续坚持"联俄、联共、扶助农工"三大政策，为国民党右派所不容。1925年8月20日，在广州国民党中央党部门前被刺遇难。

廖夫人何香凝早年与廖仲恺一道，追随孙中山从事革命活动。廖仲恺遇难后，继续坚持与国民党反动派进行顽强的斗争。1949年后担任全国政协副主席、全国人大常委会副委员长等职，1972年在北京逝世。

廖墓原在广州黄花岗，1935年迁葬于此。何香凝逝世后，依照她"生同寝，死同穴"的愿望，将其遗体与廖仲恺合葬。

廖墓设计者最初是著名建筑师吕彦直，实际上是由刘福泰负责设计监造的。陵墓坐北朝南，背倚钟山，面对前湖，风景秀丽。墓前的华表，仿六朝陵墓神道柱式样，柱头为饰有覆莲纹的圆盖，圆盖之上伫立着一只仰天长啸的石辟邪。顺两根华表中间的甬道而上，直达大平台，高大的墓碑和墓冢，就坐落在平台上。墓冢为钢筋混凝土建造，上部为半球形，下部用列柱装饰。碑文"廖仲恺何香凝之墓"为他们的儿子廖承志题写。整个墓园布局对称，气势宏伟，庄严肃穆，在中山陵所有的附葬墓中，廖仲恺何香凝墓是极有特点的。

参观指南：该处为全国重点文物保护单位，环境幽静，游客很少，免费参观。由中山植物园大门向西，沿植物园路步行约500米，右手可见一左一右两条弧形墓道通往墓园，顺其中一条走入即到。

国立紫金山天文台

推荐参观指数：★★★

　　国立紫金山天文台位于紫金山第三峰天堡山顶。1929年由中央研究院院长蔡元培倡议筹建，著名天文学家、紫金山天文台台长余青松主持建设工程，1934年落成。这是我国自行设计建造的第一座现代化天文台，是中国现代天文学的发祥地。

　　天文台整体建筑基本按轴线对称布置，利用地形高差，中轴大台阶经民族形式牌楼直达庞大圆顶的观象台。建筑外墙采用就地开采的毛石砌成，与环境浑然一体，朴实庄重。主要建筑分为台本部（著名建筑师杨廷宝设计）、子午仪室、赤道仪室、变星仪室等6座。天文台的兴建在当时极受重视，主要建筑的奠基碑文分别为蔡元培、汪精卫、戴季陶、于右任题写，"天文台"牌楼横额为国民政府主席林森题书，至今保存完好。

　　天文台装备有当时远东地区口径最大的600毫米反光望远镜、200毫米折光望远镜等先进仪器，又保存有北京观象台运来的浑仪、简仪、圭表、天球仪、地平经纬仪等古代天文仪器。因建筑精美、仪器名贵、图书资料丰富，时有"东亚第一"之誉。

　　参观指南：该处现为中国科学院紫金山天文台紫金山园区，全国重点文物保护单位。从太平门外的山脚下，沿着天文台路一路蜿蜒上山，约需1小时可达；或沿紫金山索道旁的登山道上山，约需30分钟可达。门票15元。

航空烈士公墓

推荐参观指数：★★★

航空烈士公墓位于紫金山北麓的蒋王庙街。由于地点隐蔽，知道的人并不多；即使知道，前去瞻仰的人也不多，空旷而寂静。

公墓始建于1932年，由国民政府军政部航空署筹建，安葬在抗战中牺牲的中国及援华的美国、苏联等国飞行员。公墓依山势而筑，坐南朝北，主要建筑有牌坊、东西庑、碑亭、祭堂及墓地。

来到公墓前，首先映入眼帘的是雄伟庄严的"航空烈士公墓"牌坊。牌坊背面柱子上有蒋介石题写的挽联"英名万古传飞将，正气千秋壮国魂"，横批"精忠报国"。由牌坊拾级而上，迎面是被苍松翠柏环绕着的碑亭，亭内立有石碑，镌刻着孙中山先生的题词——"航空救国"。在登向山顶的道路两边，便可看见一排排的烈士陵墓。这里安眠着自"一·二八"淞沪抗战至1945年9月间牺牲的3306名中外航空烈士，其中中国烈士870名，美国烈士2197名，苏联烈士237名，韩国烈士2名。

在日军占领南京期间和"文革"中，公墓遭到了严重破坏。1985年，按原设计图纸进行了修复。在航空烈士公墓旁，还建有南京抗日航空烈士纪念馆。

参观指南：该处位于地铁4号线王家湾站与聚宝山站之间，乘地铁4号线至王家湾站，出1号口，向东700米可至。免费参观，开放时间：每周二至周日，9:00—16:30。

向北参观路线

本条路线的走向，差不多是"地铁 3 号线大行宫—鸡鸣寺，接 4 号线鸡鸣寺—鼓楼，接 1 号线鼓楼—玄武门"这么一个总体向北的"凵"形，涵盖了沿线两侧的民国建筑。

这只表示个走向，实际不用坐地铁，骑行更自由。从总统府大门出来后，右手向西，可先参观总统府旁这片街区：

板桥新村民国建筑群（第 123 页）。

长江后街 6 号 国民政府水利部。位于南京 1912 街区北侧、今东南大学国家大学科技园内，正对大门的灰白色两层大楼即是，编号为"一号楼"。可进院参观。

由长江后街／太平北路路口过街，向西进入碑亭巷，附近可参观：

碑亭巷 110 号 何英祥旧居。何英祥是民国时著名牙医。

石婆婆庵 8—3 号、10 号 黄孟虞公馆。10 号临街，8—3 号在其背后的巷内，1936 年，留美助产士黄孟虞曾在此创办妇产科诊所——私立慕慈医院。

杨将军巷 9 号民国建筑。该处原为南京卷烟厂老厂房，现已变身"南京 D9 街区"。街区内的"3 号楼"系民国建筑，两层西式风格，已改造成"南京近代建筑博物馆"，可预约参观。

沿碑亭巷北行，进入成贤街。成贤街是一条很有文化底蕴的街，占尽了金陵的"文气"。民国时的国立中央大学、国立中央图书馆、曾任国民政府主席的谭延闿旧居、建筑大师杨廷宝故居都在这条街内，国民政府教育部也设于此。由南向北，沿途可参观：

成贤街 43 号 国民政府教育部（第 126 页）。

成贤街 66 号 国立中央图书馆（第 127 页）。

成贤街 104 号 杨廷宝故居。建于 1946 年，又名"成贤小筑"，建筑简洁朴素，是杨廷宝自行设计建造的。杨廷宝是中国第一代建筑师的杰出代表，南京众多民国建筑都出自他手。

成贤街 110 号 钱新之公馆。钱新之，近代大银行家，中国金融史上的重要人物，亦是杜月笙的一生挚交。西式两层小楼，位于居民大院内，现由南京诗词学会使用。

成贤街 112 号 谭延闿旧居。谭延闿曾任国民政府主席、第一任行政院长。西式两层小楼，入口朝南，凸出门廊，门廊二楼是观景阳台，由两根西式圆柱支撑，柱头涡卷雕饰精致。小楼原位于"成贤街 112 号"居民大院深处，现已修缮出新，并被围入北侧"成贤街 116 号"南京市中心医院内。想要接近旧居，只能从医院大门进入。

谭延闿旧居斜对面，即是东南大学四牌楼校区东门，闻名遐迩的国立中央大学旧址就在校园内。可进校参观：

四牌楼 2 号 国立中央大学（第 128 页）。

四牌楼 2 号 梅庵（第 138 页）。

出东南大学四牌楼校区南门，沿四牌楼向西，附近可参观：

四牌楼 4 号 南京高等师范学校附属小学。百年名校,现存民国建筑"杜威院""望钟楼"。今为南京师范大学附属小学。

卫巷 15 号 王世杰公馆。王世杰曾任国民党中央宣传部部长、国民政府教育部部长、外交部部长。建筑黄墙红瓦,现开小店。

出东南大学四牌楼校区东门,沿成贤街向北,行至北京东路路口,可参观:

北京东路和平公园钟楼 (第 139 页)。

若再往东去,可进兰家庄,在兰家庄东头的丁字路口右转,是一条窄巷,名"兰园"。兰园一带可参观:

兰园 7 号民国住宅。独立院落,据传是当年国民党特务组织蓝衣社的总部(只是传说)。

兰园 8 号民国住宅。独立院落,原为中央大学所有,系吴有训校长住宅,20 世纪 50 年代后为南京工学院(今东南大学)宿舍。

兰园 15 号 吴澂(chéng)旧居。吴澂留学德国,曾任中央大学体育系教授、系主任。1936 年柏林奥运会结束后,吴澂把手球介绍至国内。

兰园内道路复杂,若绕迷糊了,建议回头原路返回北京东路。

沿北京东路再向东,至地铁 4 号线九华山站附近,可参观:

北京东路 73 号 国立中央研究院物理研究所、数学研究所。物理研究所现为中国科学院南京地理与湖泊研究所办公楼。建于 1948 年,外观保存较好,但内部除了楼梯扶手外,都已改造装修成现代风格了。数学研究所旧址位于今中国科学院南京土壤研究所大院内。原来的大楼已被拆除,在原地重新建造了一幢现代办公楼,入口旁立有一块旧址纪念标石。楼前左右对称有 2 个椭圆形的民国时期池塘,保存完好。

九华山公园三藏塔。矗立于九华山顶,建于 1944 年,五层方形楼阁式砖塔,仿西安兴教寺三奘墓塔样式。塔内供奉 1942 年日军在大报恩寺遗址上建造"稻禾神社"而发现的唐玄奘法师部分顶骨,故名"三藏塔"。

这样不知不觉向东走得太远了,好了,我们回头吧,继续向北路线。

回到地铁 3 号线 / 4 号线鸡鸣寺站,在其北部,可参观:

北京东路 41 号、43 号 国民政府考试院 (第 140 页)。

北京东路 39 号 国立中央研究院 (第 144 页)。

在地铁 4 号线鸡鸣寺站以东、鸡鸣寺站与鼓楼站之间,有一座玲珑毓秀的小山,名"北极阁",海拔仅六十几米。前述国立中央研究院旧址就位于北极阁东麓,而沿蜿蜒的山间步道登顶,有两处重要的民国建筑是不可不知的,即:

北极阁 2 号 国立中央研究院气象研究所气象台 (第 148 页)。

北极阁 1 号 宋子文公馆 (第 150 页)。

"板桥新村"这个地名，大家可能都陌生了，然而一说"南京1912"，恐怕无人不晓吧。板桥新村的位置就是如今的"南京1912"。

"南京1912"街区地处长江路与太平北路交会处，由17幢民国风格建筑及4个街心广场组成，呈L形地带环抱总统府。这片青灰色与砖红色相间的建筑群，风格古朴精致，建筑均为两层的联排住宅，建于1935—1936年，是民国时期的中产住宅区，设计者是当时中央大学建筑系主任刘福泰先生。

板桥新村
民国建筑群
推荐参观楼级：★★

太平北路62号"笼子巷住宅B座"

现存民国建筑中，紧靠太平北路的两幢年代最久，建于1910年，堪称"祖母级"，即太平北路64号"笼子巷住宅A座"、太平北路62号"笼子巷住宅B座"，那两幢优美的英式传统半木构建筑。"A座"据称民国时著名牙医何英祥曾在此居住，现□是"□□□庭"餐厅；"B座"当年是国民政府官员住宅，现为"蝉月"日式料理。

太平北路58号 "茶客老站"

太平北路58号的"茶客老站"红楼，是正宗的民国建筑，建于20世纪40年代，典型的民国联排式别墅，曾经是国民党将校级军官公寓。2003年内部实施了整体加固，外立面保持原貌。

太平北路56号那幢红色两层楼，也是正宗的民国建筑，曾经是国民党校级军官的宿舍，现在是"红公馆"中餐厅。

其余大都是重建的仿民国建筑，但基本保留了老建筑的风貌。

该处现为"南京1912文化街区"。为何叫"1912"呢？因1912年是民国元年，孙中山先生正是1912年1月1日在总统府宣誓就任中华民国临时大总统。对南京人来说，"1912"不只是一个数字，也不光是一个年份，它象征着南京历史上一段传奇。这里酒吧餐厅云集，是闻名遐迩的时尚街区，很多青年都来此过夜生活，媲美上海的新天地。与后者不同的是，这里弥漫着浓浓的民国情调。

在这儿坐上半天也可以，不过，我们的目的是寻访民国建筑，所以走马观花看看就好啦。让我们穿过此处，继续北行吧。

参观指南：该处临近地铁3号线大行宫站5号出口（约200米）。其西侧临近江宁织造博物馆。

成贤街43号
国民政府教育部

推荐参观指数：★★

原国民政府教育部部长办公楼，20世纪70
年代由两层加盖为三层

国立中央图书馆大楼建于1947—1948年，由建筑学家刘敦桢设计，高三层，坡屋顶，简朴实用。一楼原为办公室，二、三楼原为阅览室，至今保存良好。现一、二楼已隔成单间，充当员工家属宿舍，通向三楼的楼梯被铁栅栏锁着。

参观指南：建筑位于今南京图书馆旧馆院内（即南楼），允许入内参观。

成贤街66号
国立中央图书馆
推荐参观指数：★★

左页

国民政府教育部建筑群建于20世纪20年代，整座大院属于中西结合风格。如今，除了临街的那座四柱三楹牌坊式大门、院内一幢西式办公楼还掩映在绿树浓荫中，原有的凉亭等建筑已不复存在了。

参观指南：该处现为市级机关大院，有20多个单位在此办公，大门口有门禁，运气好的话，或许能混进去。原教育部建筑位于大院深处，正对大门的那幢灰白色大楼即是。

原国民政府教育部大门

127

四牌楼2号
国立中央大学
推荐参观指数 ★★★

南大门建于1933年，由著名建筑师杨廷宝设计，采用简化的西方古典
凯旋门样式，柱子上有多道凹槽线脚，简洁大方。现为校区正门

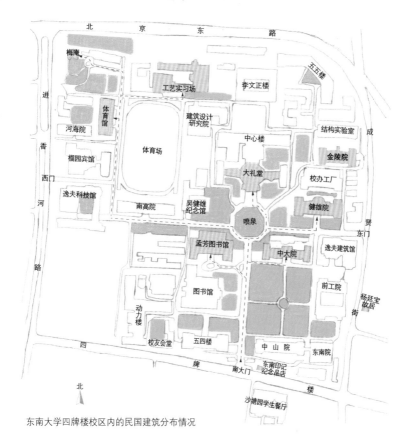

东南大学四牌楼校区内的民国建筑分布情况

　　国立中央大学的主要建筑都是在 1920 年东南大学及 1928 年国立中央大学成立后建造的。这所由中国人创办的大学，明显受到西方古典与折中主义建筑思潮的影响，用西洋古典建筑样式的外壳去包装现代功能的使用空间，映射出民国时期国立大学实行新政、全盘西化的决心。

　　旧址现存南大门、大礼堂、图书馆、生物馆、科学馆、金陵院、体育馆、工艺实习场、梅庵等建筑，设计手法娴熟、准确，是近代中国极为难得的规划完整的西方古典风格建筑群，现为全国重点文物保护单位。热播影视剧如《建国大业》《致青春》《人民的名义》等很多镜头在南京取景，其中在该校区拍摄的镜头颇多，浓浓的民国风，为影片增色不少。

　　参观指南： 该处现为东南大学四牌楼校区，从位于四牌楼的南大门、位于成贤街的东门、位于进香河路的西门都可进校参观。东门临近地铁 3 号线鸡鸣寺站 6 号出口（约 300 米）。

大礼堂

大礼堂建于 1930 年，由英国公和洋行设计。建筑造型宏伟，主立面采用欧洲文艺复兴式构图，底层入口三门并立，二、三层立面用 4 根爱奥尼柱支撑山花，顶覆欧洲文艺复兴时期风格铜质大穹隆顶。建筑各部分如基座、线脚、柱式、穹顶和整体比例均十分出色。尤为可贵的是它内部的三层观众席，可容 2700 余人，上部两层出挑极大，反映出当时在结构计算与施工方面的杰出成就，是当时中国最大的礼堂。1965 年添建两翼教学楼，由杨廷宝设计。这座大礼堂以其雄伟庄严和别具一格的造型，成为东南大学的标志性建筑。

大礼堂为这组西方古典风格建筑群确立了中心，至此校园内建筑以大礼堂为轴线，图书馆和生物馆据此对称设置，前面是宽阔的广场，主要道路以大礼堂为终端。这种以大礼堂为视觉中心、轴线明确、对称构图、几何广场的规划是典型的西方设计语言。

参观指南： 大礼堂内部对参观者不开放，可欣赏建筑外观。

国立中央大学鸟瞰，
摄于 20 世纪 30 年代

图书馆

1924年落成时的图书馆

1933年扩建后的图书馆

　　图书馆位于大礼堂西南侧，最早是直系军阀、曾任江苏督军的齐燮元"承太翁孟芳先生之命以十五万元建筑为图书馆之用"而成，所以又名孟芳图书馆。美国建筑师帕斯卡尔设计，1922年开建，1924年行开馆礼。1933年进行扩建，由杨廷宝设计，扩建两翼。

　　该建筑的正立面采用标准的罗马爱奥尼柱式构图，直贯两层，造型十分严谨，比例匀称，细部精美，其爱奥尼式的柱廊、古典式的山花已经做到了与西方古典案例惟妙惟肖的地步，是南京地区最为地道的爱奥尼柱式建筑。

　　参观指南：现为校行政办公楼，不对参观者开放，可欣赏建筑外观。

生物馆

科学馆位于大礼堂东侧、生物馆北面，建于 1927 年，由上海东南建筑公司设计。外观为简化的西方古典建筑样式，入口建有高大的爱奥尼柱式门廊，无山花，拱形大门。二、三层檐下配有浮雕纹饰。屋顶设老虎窗。馆内一层有一间庞大的扇形阶梯教室。

参观指南：现更名为"健雄院"，为信息科学与工程学院所在地，可入内参观。

科学馆

左页

生物馆位于大礼堂东南侧，建于 1929 年，由著名建筑师李宗侃设计。立面造型与图书馆相似，正面为爱奥尼柱式门廊，山花上刻有恐龙等史前动植物图案。1957 年由杨廷宝设计加建了两翼绘图教室。

参观指南：现更名为"中大院"，为建筑学院所在地，可入内参观。

体育馆

工艺实习场位于体育场北侧，始建于1918年，是校园现存建设年代最早的建筑。西门楣上刻有"工艺实习场"五个楷书繁体字。在西南角墙壁上嵌有一块奠基石，镌刻着"南京高等师范学校工场立础纪念 民国七年十月建"字样。

参观指南：现为东南大学校史馆，可入内参观。

工艺实习场

左页

体育馆位于体育场西侧，建于1922年，是当时国内最大的体育馆。三层砖木结构，青砖外墙，钢木组合屋架，木楼地板。立面朝东，南北对称。立面中央呈半圆形山墙，上书"体育馆"。主入口设双向踏步直达二层，西式古典扶栏。整体造型为欧洲殖民地风格。建成后，不仅作为体育健身之所，诸多重要活动亦于此举行。英国哲学家罗素、美国教育家杜威、印度诗人泰戈尔应邀访华时，均曾在此作过演讲。

参观指南：现为体育系所在地，可入内参观。

四牌楼2号
梅庵

推荐参观指数：★★

位于今北京东路和平公园内，正式名称为"励士钟塔"，建于抗战之前，一度作为国民政府考试院钟楼。整个建筑造型玲珑精巧，装饰华美。

参观指南：建筑毗邻地铁 3 号线 /4 号线鸡鸣寺站。其北侧就是国民政府考试院旧址，以及闻名遐迩的鸡鸣寺路"樱花大道"。

左页

在东南大学四牌楼校区西北角、体育馆北侧，是一处花园，绿竹青翠，佳木葱茏，有茅屋三间，正面悬挂一块木匾，镌着"梅庵"二字，系为纪念今南京大学的前身——两江师范学堂监督（即校长）、清末著名教育家和书画家李瑞清（号梅庵）而建。始建于 1915 年，1933 年改建为砖混结构平房，中西合璧风格，匾额为文史学家柳诒徵（zhēng）题写。

参观指南：现已被修缮改造为中国社会主义青年团二大会址展馆，全国重点文物保护单位。参观完建筑，别忘了顺便欣赏一下南边那棵著名的"六朝松"。

北京东路41号、43号
国民政府考试院

推荐参观指数：★★★

东大门即当年武庙大门，位于泮池的正北面，有3个拱券形门洞。重檐庑殿顶，上覆绿色琉璃瓦。下部仿须弥座，上部额枋、斗拱、檐椽均施以彩绘。国民政府时期，中门之上两重檐之间挂有戴季陶书写的"考试院"金字匾额。汪伪时期挂有"外交部"牌子。如今是南京市政协的大门

宝章阁建于1934年，原为考试院的档案库。立面造型简洁，檐口简化，建筑风格中西合璧。现为22号楼

考试院旧址是原国民政府五院建筑保存至今最为完整的一处，现为全国重点文物保护单位。

此处曾是南京最大的武庙。1928年，戴季陶开始担任考试院院长。他具有强烈复古思想，选中武庙旧址为考试院址，加以扩建，形成一片庭园深深、清静雅致的庞大建筑群。

整座考试院为园林式建筑群，有东西两条轴线。东部由泮池、东大门、议政堂、武庙大殿、宁远楼、华林馆、图书馆书库、宝章阁等组成，西部依次为西大门、明志楼、衡鉴楼、公明堂等。这里四季鸟语花香，环境十分优美，建筑也分外考究，雕梁画栋，飞檐翘角。

参观指南：现为南京市政府、市政协所在地，平常不对参观者开放，在一些节日会向市民开放，需提前预约。该处临近地铁3号线/4号线鸡鸣寺站。

图书馆书库建于1934年，重檐歇山顶。现为21号楼

议政堂建于20世纪30年代，原址为武庙前中殿。编号为12号楼，现为南京市政协会议室

明志楼是考试院的中心建筑，建于1933年，是民国时期考试院的主考场。仿清宫殿式，单檐歇山顶，屋面覆绿色琉璃瓦，梁枋、斗栱、檐椽都施以彩绘。楼前有宽大的平台，围以雕花水泥假石栏杆。20世纪90年代经过改建，其中部现为南京市政府大礼堂

北京东路39号
国立中央研究院

推荐参观指数 ★★★

总办事处

国立中央研究院总办事处，摄于20世纪40年代

国立中央研究院是民国时期中国最高学术研究机关。1928年成立后，陆续按学科设立各研究所。至1937年抗战全面爆发前，已设立物理、化学、工程、地质、天文、气象、历史语言、心理、社会科学及动植物10个研究所。首任院长为蔡元培。

今北京东路39号是国立中央研究院总办事处、地质研究所、历史语言研究所和社会科学研究所所在地。旧址背靠北极阁山，毗邻古鸡鸣寺，环境幽静，庭院深深，是绝佳的学术研究之地。

总办事处大楼坐北朝南，仿清宫殿式，建于1936年，由著名建筑师杨廷宝设计。大楼高三层，单檐歇山顶，屋面覆绿色琉璃筒瓦，梁枋和檐口部分均仿木结构，施以彩绘，清水砖墙，花格门窗。入口处建有两层门廊及装饰门套。大门两侧及围墙东侧共建有3座方形攒尖顶警卫室，其风格与大楼一致。

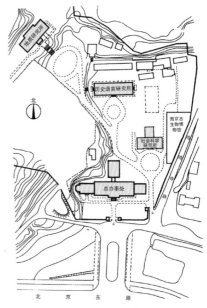

国立中央研究院总平面图

历史语言研究所

历史语言研究所位于总办事处大楼的正北面，为仿清宫殿式建筑，由杨廷宝设计，建于 1934 年。大楼高三层，单檐歇山顶，屋面覆绿色琉璃瓦，外墙上部为清水青砖墙，下部采用水泥仿假石粉刷。入口建有拱形门廊，门口安放一对瑞兽石雕。

地质研究所位于总办事处大楼的西北方，门朝东南，是一座仿清宫殿式建筑。建于 1933 年，由杨廷宝设计。建筑依坡而建于平台之上，高两层，单檐庑殿顶，屋面覆蓝色琉璃瓦，梁枋及檐口部分为仿木结构，施以彩绘。大楼前部建有一座亭式门廊，门廊雕梁画栋。1932—1937 年，地质学家李四光曾在此主持工作。

社会科学研究所位于总办事处大楼的东北方，建于 1931 年，由卢毓骏设计。原为两层，后加建第三层，人字顶，红砖墙，西南角有蔡元培先生题写的奠基碑。该楼于 2001 年被拆除。

参观指南：现为中国科学院南京分院、南京地质古生物研究所所在地，全国重点文物保护单位，对参观者不开放，在围墙外可欣赏建筑外观。其东侧一墙之隔就是著名的鸡鸣寺路"樱花大道"，每年樱花绽放季节，人声鼎沸。

地质研究所

拆除前的社会科学研究所"小红楼"（中国科学院南京地质古生物研究所提供）

北极阁2号
国立中央研究院
气象研究所气象台

推荐参观指数：★★★

　　该气象台是 1928 年国民政府在原明代钦天山观象台遗址上兴建，由时任中央研究院气象研究所所长的著名气象学家、地理学家竺可桢主持建造的。这是中国近代第一个国家气象台，为中国近代气象学发祥地。

　　气象台由著名建筑师卢树森规划设计，其观象台建在石砌高台上，六角形，高四层，底层四周是有 6 根大圆柱的外廊，台内设有旋梯通向每层挑台和顶层平台。观象台矗立在北极阁山巅，远远望去宛若一座古塔。

　　1931 年，又在观象台北侧兴建了图书馆，为两层仿古建筑，底层用作地震观察室。墙嵌蔡元培所书汉白玉奠基石。观象台与图书馆两侧，建圆弧形回廊和两座庙宇式建筑（资料室），造型古朴。整个气象台建筑在中式传统风格中体现了西方科技的实用观念。

　　参观指南：现为江苏省气象局和中国北极阁气象博物馆所在地，全国重点文物保护单位。气象博物馆平时只接受团体预约参观，每年世界气象日会向市民开放，需提前预约。

北极阁1号
宋子文公馆

推荐参观指数：★★★

宋子文公馆位于北极阁山巅，始建于1933年，1946年重建，新公馆由著名建筑师杨廷宝设计。

宋子文（1894—1971），民国时期政治家，宋氏家族的重要成员，曾任国民政府财政部部长、外交部部长。

宋公馆内景

这是一处极有特色的私人住宅，造型仿欧洲村舍民居风格。建筑高三层，利用山势，底层掩盖在林木之中。主入口设在二层，入口处有石拱门廊。建筑底部用毛石砌筑，上部为砖混结构，外立面采用拉毛装饰工艺。屋顶用进口白水泥拌黄沙在芦荻上盖成，表层做成蜂窝状，给人以茅草屋的错觉。室内天花大梁采用仿木结构的形式，做出一排密布的小梁，材质尽力模仿木质效果。宋公馆给人的印象是外观朴素，实际装修精致，细节考究。

在宋公馆东北侧相距数十米处，有一幢两层建筑，与公馆以石阶相连。这便是当年蒋介石囚禁爱国将领张学良的地方，俗称"囚张楼"。1936 年 12 月，西安事变和平解决后，张学良护送蒋介石回南京，一下飞机，张学良便被送到北极阁的宋公馆。张学良在这里住了 5 天，宋子文夫妇待之以座上宾。随后，张学良被判处 10 年有期徒刑，再也没能回到宋公馆。

1949 年后，该处相继作为刘伯承住所和政府部门的招待所。大院常年铁门紧闭，不对外开放。因此，对于参观者来说，宋公馆仍旧是一处只闻其名不见其貌的神秘地方。

"囚张楼"

参观完北极阁气象台和宋子文公馆，即可下山。北极阁山下西北部，是一片民国住宅集中的区域。其名气虽然没有颐和路公馆区、梅园新村风貌区那么大，但细细逛逛，将能邂逅许多名人旧居。

在北极阁广场西北侧，沿高楼门由南向北可参观：

高楼门22号 徐庭瑶公馆。徐庭瑶曾任国民党装甲兵的第一任司令。建筑位于今单位大院内，大门开放，和门卫打个招呼，可进院参观。

高楼门42号 比利时公使馆（第154页）。

高楼门80号 孔祥熙公馆（第155页）。

在高楼门24号那座新式教堂——基督教天城堂南侧，有一条小巷，名"峨嵋路"，进巷可参观：

峨嵋路7号 高秉坊公馆。高秉坊曾任国民政府财政部赋税司司长、直接税署署长，被后人称为"中国所得税之父"。两层红砖小楼，被临街居民楼遮挡，绕到居民楼背后即可见。现用作出租屋，脏乱破旧。

峨嵋路12号 中国地质学会旧址（1936—1951）。灰色三层大楼，门前一棵巨大雪松，茁壮挺拔。现为某公司使用。

峨嵋路13—2号 许传本寓所。为许传本与其兄许传音合建。许传音在南京大屠杀期间任南京安全区国际委员会成员，1946年作为南京大屠杀的重要见证人出席远东国际军事法庭作证。两层小楼，白色墙面，现为私宅。

再往前走，左转，有一街心小圆盘。在此左转，进入天山路，可参观：

天山路24号 童冠贤公馆（第156页）。

天山路24号旁又有一条支巷，名"北极山村"，拐进去，可参观：

北极山村1号 董道宁公馆。董道宁任国民政府外交部亚洲司第一科（日本科）科长，抗战期间投靠日伪。1948年，董将该房屋租予励志社作招待所用。建筑外墙面拉毛装饰较有特色。现为民宅，可进院参观。

再回到天山路，可继续参观：

天山路39号 国立编译馆（第157页）。

天山路7号民国住宅。两层西式小楼，造型别致，黄色墙面，相传曾是柯庆施旧居。位于居民大院内，现空置。

天山路2号 孙鸣玉公馆。孙鸣玉曾任国民党第三十六师少将师长。该处现为玄武区未成年人保护中心，其西侧隔壁就是"高楼门80号 孔祥熙公馆"。

由"天山路2号 孙鸣玉公馆"左转下坡，至百子亭与傅厚岗夹角处，就来到百子亭历史风貌区了。该风貌区东至百子亭路，西至中央路，南至傅厚岗，北至文云巷东段，现存10余幢民国建筑。目前，修缮改造已完成项目一期，变身为"百子亭天地"。部分建筑尚被围挡，预计不久的将来，会以新的面貌示人。风貌区内的重要民国建筑有：

傅厚岗 6 号 傅抱石故居（第 158 页）。

傅厚岗 4 号 徐悲鸿旧居（第 159 页）。

傅厚岗 16 号 段锡朋公馆（第 160 页）。

百子亭 5 号 黄季弼公馆。黄季弼是国民党首屈一指的密码破译专家。现存西式楼房 2 幢，十分破败。

百子亭 17 号 廖运泽公馆（第 161 页）。

百子亭 19 号 桂永清公馆（第 162 页）。

百子亭 33 号 王世杰公馆（第 163 页）。

在百子亭风貌区北侧，可参观：

百子亭 34 号 法国驻华大使寓所（第 164 页）。

百子亭 42 号 曾仲鸣公馆。曾仲鸣历任汪精卫秘书、铁道部次长兼交通部次长等职，1939 年追随汪精卫叛国投敌，在越南河内被前来刺杀汪精卫的军统特务误刺身亡。其妻是民国女画家方君璧。公馆建筑有 4 幢，其中一幢位于今江苏省肿瘤医院内东侧、放疗中心楼前，两层楼房，黄色外墙。另 3 幢已修缮过，被向北平移至临洞庭路，并列而置。

昆仑路 8 号 倪尚达别墅。倪尚达，中央大学、金陵大学教授，著名物理学家，我国无线电教育的先驱。建筑位于今江苏省肿瘤医院东门内左手，独立院落。

百子亭 51 号 高吉人公馆。高吉人曾任国民党第七十军军长，在淮海战役中受伤被俘，旋在医院逃遁，后任第五军军长。

中央路 84 号 全福民公馆。全福民为国民政府联勤总部总务处处长。该处挨着"百子亭 51 号 高吉人公馆"，院门开在洞庭路上。

大树根 13 号 徐永昌公馆（第 165 页）。

至此，可进玄武湖公园游览一下。1928 年，首任南京市市长刘纪文下令把玄武湖更名为"五洲公园"，将五洲定名为"亚洲、欧洲、美洲、非洲、澳洲"，作为公园正式对外开放。1935 年，南京市政府又将五洲公园改为"玄武湖公园"，并重新命名了五洲新名，分别为环洲、樱洲、梁洲、翠洲和菱洲，沿用至今。玄武湖公园内的民国建筑有：

玄武门（第 166 页）。

玄武湖公园环洲 喇嘛庙、诺那塔（第 168 页）。

玄武湖公园梁洲 涵碧轩（第 170 页）。

玄武湖公园翠洲 留东同学会会址（第 172 页）。

若不进玄武湖公园，可就此掉头，至中央路。在中央路上，地铁 1 号线玄武门站与鼓楼站之间，可参观：

中央路 105 号 钱云青别墅群（第 174 页）。

高楼门42号
比利时公使馆

推荐参观指数：★★

该处房主原是国民党元老李济深的高级顾问黄庭光，建于20世纪30年代。建筑外形酷似欧洲乡村别墅，底层设半圆形外廊，其上为凉台，有镂空水泥栏杆，屋顶设烟囱和老虎窗，整体造型精巧别致。

1932年建成，原为国民政府海关总署高级官员住宅，1945年后孔祥熙在此居住。西班牙风格两层楼房，红色筒瓦，黄色外墙，建筑以复杂多变的造型与大圆拱窗为特色。室内设施齐全，庭院轩敞，院内有草坪、假山、古树名木，环境优美宁静。

孔祥熙（1880—1967）历任国民政府实业部部长、财政部部长、行政院院长、中央银行总裁等职，一直掌握国民政府财政大权，是中国官僚资产阶级的典型代表。

参观指南：该处大门紧闭，仿佛与世隔绝，一般人难瞻其容。绕到其北侧，在百子亭坡上可欣赏建筑局部外观。上图是从对面高楼上俯瞰，比较稀见。

左页

比利时是二战前与国民政府建交的国家之一，黄庭光于1936年将该房产租赁给比利时公使馆作为驻华常设机构。1937年日军侵占南京，公使馆被迫关闭。1945年抗战胜利后，房屋才交还给黄庭光。现由黄的后人居住。

遥望这幢昔日公使馆馆舍，如鹤立鸡群，十分抢眼，在四周林立的高楼阴影中，愈发显得破旧失修。

参观指南：在高楼门30号峨嵋公寓北侧，是一条地势渐渐增高的窄巷，走进巷内50米即到。小楼周围环绕一人多高的院墙，隔着院墙可欣赏建筑外观。

天山路24号
童冠贤公馆
推荐参观指数：★

国立编译馆成立于1932年，隶属国民政府教育部，负责编译教科书和学术专著，以及学术名词的翻译，是当时全国中小学教科书的唯一供应者。现存办公大楼、附属建筑各1幢，西式简洁造型，墙面红黄色相间。

参观指南：办公大楼位于天山路39号今解放军第三三零四工厂内，由大门口可望见，但厂区对参观者不开放。附属建筑位于对面天山路10号院内，院门开时允许进入参观，现为办公用房，与办公大楼隔街相望。

国立编译馆附属建筑，用材、色彩与办公大楼保持一致

左页

童冠贤（1894—1981）曾任北京大学、中央大学教授，1948年当选国民政府立法院院长。

参观指南：该处旁的支巷名"北极山村"，沿天山路和北极山村可欣赏建筑局部外观。左图系由建筑对面高处俯瞰，比较稀见。

傅厚岗6号
傅抱石故居

推荐参观指数：★★

徐悲鸿（1895—1953），著名画家，精通中西绘画，尤以奔马享名于世，是中国现代美术教育的奠基者。

这是一幢精巧别致的两层西式小楼，建于1932年。原先前院很大，院内有两株高达数丈的白杨树。当年女主人还在院子里植上了草皮，点缀了花木，梅竹扶疏，桃柳掩映。楼内客厅、餐厅、卧室、卫浴间齐全，陈设是法国风格，雍容典雅。一楼右边是画室，空间高大气派，完全按照徐悲鸿绘画需要设计，名"无枫堂"（这里面有一段恩怨）。

参观指南：建筑位于今"百子亭天地"内，现已改造成展馆，开放参观。上图是改造前的风貌。

左页

一代画坛宗师傅抱石先生在南京有两处寓所：一处在汉口西路132号，是他晚年生活和创作的地方，现辟为傅抱石纪念馆；另一处就是傅厚岗6号，为其执教于中央大学艺术系时所购。该建筑始建于1948年，是傅抱石亲自设计的，这也是他居住时间最长的南京故居，他的许多重要画作都是在这里完成的。

参观指南：建筑位于今"百子亭天地"内，已修缮改造为展馆，开放参观。原清水红砖院墙已改为矮墙。左图是改造前的风貌。

西式两层楼房，保存完好，据说现为廖运泽的后人所居。

廖运泽（1903—1987）曾任国民党第八绥靖区副司令，在淮海战役中率部起义。在国民党军官中，其兄弟三人——中将廖运泽、少将廖运周、少将廖运升，均系黄埔出身，被称为"黄埔三鹰"。

参观指南：建筑位于百子亭风貌区保护修缮工地深处，院门有时开着，允许进院参观。

左页

建于1946年，西式两层楼房，砖木结构，一楼设门廊，二楼有露天阳台，红瓦坡屋顶，木门窗。

段锡朋（1896—1948）在1919年五四运动时任北京大学学生会会长，当选中华民国学生联合会首任会长，是当时名声大振的学生领袖之一。曾任国民政府教育部次长、中央大学代理校长、国民党中央党部训委会主任委员。

参观指南：建筑位于今"百子亭天地"内，已修缮出新。

百子亭19号
桂永清公馆
推荐参观指数：★★

百子亭33号
王世杰公馆

推荐参观指数 ★★

该处南邻桂永清公馆，庭院不大但整洁有序，雪松枇杷树环绕一幢西式两层小楼。

王世杰（1891—1981），民国时期学者、政治家，曾任北京大学教授、武汉大学首任校长。1931年蒋介石坐镇武昌，每周都邀请王世杰为其讲学一天。王校长渊博的知识、精辟的见解深为蒋所赏识，从此王世杰在政界一帆风顺，历任国民党中央宣传部部长，国民政府教育部部长、外交部部长。数年置身于最高决策层，运筹帷幄，巴黎和会、国共和谈等重大事件中都少不了这位"学术权威"的身影。

参观指南:该处现空置，院门紧闭。若从其南侧的窄巷进去，在中央路66号居民大院里，隔着围墙可欣赏建筑局部外观。

左页

桂永清（1900—1954）曾任中央军校教导总队总队长，南京保卫战中，亲率教导总队与日军血战紫金山。后任国民党海军总司令，一级上将。该处大门紧闭，深不可测，只可见院内松杉桧柏，浓荫叠翠。

参观指南:长久以来，几乎没有人看见过主体建筑。为了让读者们一睹真容，我们艰难摄取了这建筑一角，已十分难得了。

百子亭34号
法国驻华大使寓所

推荐参观指数：★

该处位于玄武门西北侧，东邻明城墙，西距中央路不远，是一个大门紧锁的庭院，锈迹斑斑的铁门内，两层小楼若隐若现。

徐永昌（1887—1959），陆军一级上将，抗战期间任国民政府军令部部长，1945年9月2日代表中国政府于东京湾美国密苏里号军舰上接受日本投降，嗣任陆军大学校长、国防部部长。

参观指南：该处不在百子亭历史风貌区内，它位于大树根小区西南角，毗邻大树根社区居委会，不太好找，找到了也看不到什么。

左页

法国驻华大使寓所西距"高云岭56号 法国大使馆"不到400米，建筑位于今江苏凤凰新华书店集团有限公司大院内，从大门口即可望见。两层西式小楼，米黄色墙面，木门窗，鱼鳞状水泥方瓦屋面，有壁炉和老虎窗。现为办公用房。

该处对门就是民国外交部部长王世杰的公馆，不知两位外交家当年闲暇时，是否也常串个门，喝杯法国红酒呢……

玄武门

推荐参观指数：★★

　　玄武门是南京明城墙的后开城门，开辟于1908年，原名"丰润门"。这座城门的开辟，标志着被城墙阻隔的玄武湖正式成为具有近代意义的城市公园。

　　1928年，国民政府将丰润门更名为玄武门。

　　1929年，时任中央研究院院长的蔡元培先生应邀题写了"玄武门"三字，并沿用至今。

　　1931年，玄武门由单孔券门改建为三孔券门。

　　1984年，在玄武门上加造了城楼，即成现在的样子。

　　现为玄武湖公园西大门，全国重点文物保护单位。

参观指南：该处临近地铁 1 号线玄武门站。玄武湖公园是个开放的公园，类似于杭州的西湖，免费参观游览，但机动车及自行车不得入内。

诺那塔

喇嘛庙

喇嘛庙、诺那塔坐落在环洲东北角，始建于 1937 年。喇嘛庙是一座面阔三间的单檐歇山顶殿堂，形制古朴，现称"圆觉宗诺那师佛纪念馆"。诺那塔九级六面，仿唐宋风格，底级四面镌刻碑文，系国民党元老居正所撰并书的《普佑法师塔碑铭》。庙、塔均为纪念藏传佛教活佛诺那法师而建。

诺那法师一生致力于维护祖国统一。1929 年，诺那法师抵达南京，被国民政府任命为蒙藏委员会委员、立法院立法委员。1936 年，诺那法师去世，国民政府颁发褒扬令，追赠其"普佑法师"封号。

1937年的喇嘛庙、诺那塔旧影，画面中庙、塔清晰可见，跟现在的格局相比并无差异

玄武湖公园梁洲
涵碧轩

推荐参观指数：★★

1941 年，汪精卫指示南京市政府在玄武湖择地，建一座"专供上宾游览休息之所"。于是市政府看中了梁洲北部临水的这块地方，同年建成这幢西式平房，命名为"涵碧轩"。抗战胜利后，国民政府还都南京，1947 年改涵碧轩为"玄武厅"，仍为"招待各方人士及外宾之用"。1949 年后，玄武厅作为南京市政府的重要外事活动场所，曾接待过许多中外嘉宾，党和国家领导人毛泽东、朱德、刘少奇、邓小平等都曾在此驻足休息和接见省市领导。"文革"期间改名为"友谊厅"，沿用至今。

　　参观指南：建筑现已改造成"先锋诗歌书店"，成为南京先锋书店的第二家诗歌书店（另一家是"中山陵 3 号 永丰诗社"）。内设"民国书房"，充满浪漫气质。

玄武湖公园翠洲
留东同学会会址

推荐参观指数：★★

所谓"留东"，即"留学东洋"，也就是留学日本。民国时期，包括蒋介石、何应钦、蒋百里、汤恩伯在内的很多军政要员都有留学日本的经历。

20世纪20年代末，国民党中一批曾留学日本学习军事的同学（这些人后来大都在国民政府担任要职），为了联络情谊、纪念过去，共同发起组织了"留日陆海空军同学会"，又称"留东同学会"，其会址设在当时还非常偏僻的玄武湖翠洲。为了有活动的场所，他们还盖了一幢端庄气派的大楼作为会所。这是一幢具有欧式风格的两层建筑，于1935年建成。但这个场所当时不对外开放，所以知者甚少。后这里做过蒋经国住宅。

1937年南京沦陷时，留东同学会大楼遭到严重破坏。1945年抗战胜利后，此楼被励志社接收，改建为招待美军官兵的招待所，设有弹子房、餐厅和西餐馆等。1949年后曾改为南京市少年之家，继而为市政协委员活动服务中心。如今已整修一新，成为"思享会"会址。

参观指南：从玄武湖公园梁洲进入翠洲，沿着翠洲南侧的道路行走约10分钟即到。看完这处，再往前就没什么了，原路返回玄武门吧。

　　该别墅群为裕庆鸿记营造厂老板钱云青于 1948 年自建。独立院落，3 幢风格一致的西式花园别墅一字排开，每幢西南侧都为碉堡式半圆柱形凸出造型。1949 年 4 月南京解放，钱云青留下这处尚未完工的房屋迁去台湾。

　　参观指南：该处位于地铁 1 号线鼓楼站与玄武门站之间、南京市中央路小学对面。建筑保存完好，现为民宅，大门开放，可进院参观。

从"中央路 105 号 钱云青别墅群"向南走几十米，右手一条小路，即傅厚岗。或者，由今"百子亭天地"向西，过中央路，一样也来到了傅厚岗。这是因为，狭义的"傅厚岗"，是一条东西长约 600 米的街巷，东起百子亭，跨中央路，在此路口继续西去，西至湖北路。而这里所说的是"傅厚岗地区"，是包含傅厚岗、厚载巷、高云岭在内的一整片区域。该地区是民国"首都计划"划定的"市政府行政区"。20 世纪 30 年代起，不少军政要员、文化名流相继在这里购地置房，渐成规模。经过几十年的城市变迁，许多旧时官邸早已不复存在，但至今仍深藏着 20 余处重要的民国建筑。街区内路不宽，进出的车辆很少，静谧而清幽，完全没有大都市的喧闹和浮躁。

由中央路路口进入，傅厚岗沿线的民国建筑有：

傅厚岗 15 号 吴贻芳旧居。吴贻芳，著名教育家和社会活动家，金陵女子大学首届毕业生，曾任金陵女子大学校长。在民国时代的教育界，还有着"男有蔡元培，女有吴贻芳"之说。该处原为艾伟于 1935 年兴建，1949 年后吴贻芳曾居住于此。

傅厚岗 17 号 英国大使馆。产权人为艾伟，1949 年前，该处与傅厚岗 15 号同租予英国大使馆作职员宿舍。可进院参观。

傅厚岗 30 号 李宗仁公馆（第 178 页）。

傅厚岗 31 号 缅甸大使馆。国民政府外交部于 1947 年 4 月购地兴建，为缅甸大使馆租用馆址。两层西式花园洋房，清水红砖墙，有门廊、露台。1947 年 9 月，缅甸政府任命宇密登为首任驻华特命全权大使，1948 年 12 月租赁，1950 年 4 月退租。建筑位于今傅厚岗 31 号大院深处，编号"4"。大院不对外开放，在院外看不见该建筑。

傅厚岗 32 号 王世杰公馆（第 180 页）。

傅厚岗 66 号 八路军驻京办事处（第 181 页）。

湖北路 34 号 丁惠民公馆。丁惠民为国民党东北"剿总"驻京办事处少将处长。该处实际位于傅厚岗西端，东距傅厚岗 30 号李宗仁公馆约 200 米。其西侧 50 米处的路口，对面就是国民政府外交部旧址，我们会在"向西第一条参观路线"里介绍。

厚载巷地处傅厚岗以南，差不多与傅厚岗平行，临街现存一处民国建筑：

厚载巷 36—1 号 梁兆纯、何兆清旧居。梁兆纯曾任中央大学教育系助教、中大附小校长，其夫何兆清曾任中央大学哲学系教授。

高云岭与傅厚岗相交，南北走向，南起厚载巷，北达湖南路。由南向北，沿线的民国建筑有：

中央路 37 号—2 梁兆纯旧居。没错，该处虽称"中央路 37—2 号"，却不在中央路上，实际位于高云岭与厚载巷交会处，大门开在高云岭。两层西式小楼，原系中大附小校长梁兆纯的旧居。建筑位于中央路 37 号居民大院内，可进院参观。

高云岭 19 号 廖恕庵公馆（第 182 页）。

高云岭 19—1 号 廖维勋公馆。位于高云岭 19 号西侧，原系国民政府司法行政部官员廖维勋旧居。现为民宅，比较破旧，一楼门廊有两根西式圆柱。

高云岭 20 号 张席珍公馆。该处原为国民政府军事委员会少校副官张席珍的私产，曾一度租给法国驻华大使馆作宿舍之用。

高云岭 24 号 艾伟公馆。艾伟，近现代著名心理学家，曾任中央大学教育学院和师范学院院长。大坡顶平房，近似日本建筑风格。该处与附近的傅厚岗 15 号、17 号均为艾伟房产，此处为艾伟自住。

高云岭 27 号 邹作华公馆。邹作华，张学良的心腹将领，国民党炮兵权威，曾任国民党陆军炮兵学校教育长、吉林省政府主席。

高云岭 29 号 八路军驻京办事处（第 183 页）。

高云岭 39—5 号 李旭旦故居。李旭旦曾任中央大学教授、地理系主任，中国人文地理学创始人。独立小院，两层小楼，现已改造成集餐饮、展览、沙龙于一体的公共文化空间，挂牌"明社·璞斋"。室内保留了民国风格，清新怡人，对外营业。

高云岭 42 号 刘志平公馆。从高云岭 36 号与 46 号之间的支巷进入，七拐八绕地就摸到了，再往东可至中央路。大坡顶平房，近似日本建筑风格。现空置。

高云岭 56 号 法国大使馆（第 184 页）。

由此再往北就到湖南路了。

湖南路上，有一处重要的民国建筑：
湖南路 10 号 国民党中央党部（第 186 页）。

由国民党中央党部旧址向西，沿湖南路南侧，还可参观：

狮子桥 14 号 白万信"姐妹楼"。白万信为国民政府立法委员、蒙藏委员会委员。2 幢风格完全相同的西式小楼，分东西排列，俗称"姐妹楼"。建筑位于狮子桥美食街停车场大院内，从美食街南端的牌坊进来，右手第一个巷子里即是。

大同新村民国建筑群。在湖南路商场旁、湖南路 253 号与 255 号之间有一条不起眼的小巷叫勤益里，进小巷走到头，左转，大同新村就隐藏在这条小巷的尽头。建筑群包括大同新村 1 号~8 号，始建于 1929 年，均为西式风格两层小楼。

本条参观路线到此就结束了。虽然在湖南路以北的大片城区内，尚有七八处民国建筑，但因分布得较分散，各位寻访起来着实不便，且可看性也一般，就不作介绍了。

沿湖南路可返回地铁 1 号线玄武门站；也可继续西行达湖南路 / 中山北路路口，恰与下面将要介绍的"向西第一条参观路线"实现对接。

　　建于 1934 年，原为姚琮私宅，姚琮时任国民政府军事委员会办公厅副主任、首都警察厅厅长。

　　抗战全面爆发后，1937 年 8 月，中共代表周恩来、朱德、叶剑英应邀到南京参加国防会议，朱德和叶剑英一度住在这里。

　　抗战期间，公馆被日寇占用。

　　1945 年抗战胜利后，姚琮回到南京收回公馆，并将房屋出租给捷克大使馆，期满后又出租给励志社改作美军招待所之用。

　　李宗仁一家来到南京后，没有住房，而姚琮在高楼门等处还有房产，因此，他将该公馆腾出来。1947 年，李宗仁及其随员入住，直至 1949 年 4 月撤离南京，李宗仁在此度过了国民党政权在大陆风雨飘摇的最后两年。

　　李宗仁（1891—1969），桂系领袖，抗战初期曾成功指挥了台儿庄战役并取得重大胜利，曾任中华民国副总统、代总统。

　　现存主楼 1 幢，楼后有走廊连通 2 座平房。院内林木参天，幽静宜人。

　　参观指南：现为省级机关第一幼儿园托儿部，对参观者不开放。若进旁边的 32—1 号单位大院，可欣赏建筑侧面外观。

傅厚岗32号
王世杰公馆

推荐参观指数：★★

该公馆院广宅大，气派非凡，院内松竹蓊郁，花草繁茂。主楼在庭院北部，西式三层，米黄色拉毛外墙，外立面做方形带凹槽柱式装饰，北欧风格陡峭屋顶，红瓦屋面。

该建筑深藏于幽静小巷的尽头，建于20世纪30年代，原为南开大学校长张伯苓的公馆，因张与周恩来有师生之谊而将公馆租借给八路军驻京办事处，叶剑英、李克农曾在此居住。

傅厚岗66号
八路军驻京办事处
推荐参观指数 ★★

1937年8月，中共中央和红军代表周恩来、朱德、叶剑英应邀与国民党谈判，协议将红军改编为八路军、新四军，后租借该处组建八路军驻京办事处，一直工作到同年12月初南京沦陷前才撤离。八路军驻京办事处是第二次国共合作的产物，是我党我军在国民政府首都设立的第一个公开办事机构。它从设立到撤离虽然只有3个多月，但做了大量的工作，建立了不可磨灭的功勋。

参观指南：该处门牌为"傅厚岗66号"，但也称"青云巷41号"，紧挨着傅厚岗32号王世杰公馆。现辟为纪念馆，常年免费开放（周一闭馆）。

左页

公馆于1934年由陈焯（zhuō）兴建。陈焯曾任首都警察厅厅长、军统局副局长。该处一度认为属国民政府外交部部长王世杰所有，实际上王世杰只是租用。

参观指南：建筑位于傅厚岗30号李宗仁公馆西侧，从傅厚岗32—1号旁小巷进入，走100米即到。现无人居住，在院外可欣赏建筑外观。该处北侧即傅厚岗66号八路军驻京办事处旧址。

安 静

安 静

该处原为梁兆纯、何兆清夫妇的私产，建于20世纪30年代，是一幢独立院落的西式两层小楼。

1937年8月，八路军驻京办事处在傅厚岗66号成立后，因营救出狱而留下工作的同志越来越多，已不能满足当时的需求。博古（秦邦宪）来到"八办"后，住房更加拥挤，于是办事处在附近租下高云岭29号，为便于工作，对外称"处长公馆"，实际是博古的住处。

参观指南：该处不对外开放，沿高云岭只可窥建筑一角，这幅正面全景尚不多见。不过，可进"傅厚岗25号、27号"大院，由居民楼外楼梯上至高处，一观建筑背面全貌。

高云岭29号
八路军驻京办事处

推荐参观指数：★★

左页

独立院落，西式风格两层小楼，建筑十分美观，原为国民政府驻比利时领事馆领事、学者廖恕庵私产。

参观指南：现为私宅，大门旁挂牌"文贤苑"。围墙不高，在院外可欣赏建筑外观。

"八办"的背面

　　由国民政府军事委员会办公厅主任、军统局局长贺耀祖于 1937 年兴建，为法式风格的花园楼房。有两幢：一幢为单层，在高云岭 56 号院内；另一幢为两层，在高云岭 56 号西门院内。高云岭 56 号院内的单层建筑，坐西面东，白色墙面，南面设圆拱形柱廊，红瓦屋面。高云岭 56 号西门院内的两层建筑，坐北朝南，米黄色墙面，南面有宽阔的阳台和圆柱柱廊，鱼鳞状灰色方瓦屋面。两幢建筑均为不规则多折屋顶，屋顶错落有致，均有壁炉和老虎窗。

　　抗战前，法国政府在此设立公使馆。抗战期间被迫关闭。抗战胜利后，法国政府于 1946 年 1 月任命梅理霭为首任驻华特命全权大使，仍用此馆址。

　　据住在附近的老人回忆，20 世纪 40 年代，这幢气派的小洋楼前面并没有别的建筑物，楼前是很大的花园和大片的绿草坪。那时候，进出法国大使馆的都是达官贵人。李宗仁就住在离这儿不远的傅厚岗 30 号，他与家眷常来法国大使馆参加舞会。蒋介石和宋美龄也来过。

　　该处东侧的百子亭巷内，就是当年法国驻华大使的寓所，相距不到 400 米，不知大使先生上下班是步行还是开车呢。

　　参观指南：该处门牌号为"高云岭 56 号"，实际位于文云巷内、凤凰广场大厦西侧。现为机关单位用房，不对外开放。但铁栅栏通透，可欣赏建筑全貌。该处临近地铁 1 号线玄武门站（约 300 米）。

湖南路10号
国民党中央党部

推荐参观指数 ★★★

云南北路的尽头与东西向的湖南路交会，形成一丁字路口，正对一大院。在路口可见院内一幢气势雄伟的建筑，就是国民党中央党部旧址（也是清末江苏省咨议局旧址）。

该建筑始建于 1909 年，由孙支厦设计，仿法国文艺复兴建筑样式，是中国近代建筑史上最早由中国建筑师设计建造的新型建筑之一。

说到这幢大楼的建造，就不能不提及中国近代史上的一件大事——清末立宪改革。1907 年，各省筹设咨议局。1909 年，清末状元、南通实业家张謇（jiǎn）奉旨筹办江苏省咨议局，被推选为首任议长。藉此关系，张謇的"御用建筑师"孙支厦被推荐承担了江苏省咨议局大楼的设计重任。正是这座建筑成就了孙支厦，使得他这样一个没受过多少正规科班教育的本土建筑师得以施展才华，以中国近代最早的建筑师的地位登上了历史舞台。

大楼于 1909 年开工建造，一年后落成。整座大楼严整对称，系 4 幢长楼像四合院似的连在一起。主体建筑正中有高耸的塔楼，孟莎式屋顶，上覆青绿色铁皮瓦。建筑使用大量砖拱和圆拱门窗，正门入口处建有突出门廊。外观庄严又不失变化，颇有点法国卢浮宫的感觉。

孙支厦（1882—1975），这是他唯一一张见诸世人的照片

　　大楼建成，风起云涌。1911 年 12 月 29 日，全国 17 个起义省份的代表聚集在江苏省咨议局大楼内，选举孙中山为中华民国临时大总统。1912 年 1 月，中华民国临时参议院诞生，使用江苏省咨议局大楼原址为院址。1927 年国民政府定都南京后，这里成为国民党中央党部所在地。1929 年，孙中山先生灵柩自北平运抵南京，在此停灵举行历时 3 天的公祭。从 1927 年起至 1937 年前，历届国民党中央全会大多在这里举行。震惊全国的"孙凤鸣刺杀汪精卫案"就发生于此。1935 年 11 月 1 日，国民党四届六中全会开幕式礼毕，众人在门廊台阶上合影。晨光通讯社记者、爱国志士孙凤鸣一边高呼"打倒卖国贼"，一边朝第一排的汪精卫连开三枪，枪枪命中，但未中要害。现场大乱，国民党元老张继拦

腰抱住孙凤鸣，张学良飞起一脚将孙的手枪踢落，孙当场中枪被捕。生性多疑的蒋介石未参加合影，而汪精卫在9年后的1944年，因孙凤鸣行刺留在其体内的子弹铅毒扩散，死于日本。1940年汪伪"国民政府"在南京粉墨登场后，该处成为汪伪政府机构所在地。1945年日本投降后，国民党中央党部迁回原址办公。

参观指南：现为江苏省军区所在地，全国重点文物保护单位，不对外开放。在大门口，透过树木间的空隙，隐约可窥见大楼一角。这里展示的两幅俯瞰全景，可谓前所未有的视角，非常难得。该处向东约300米，即地铁1号线玄武门站。

向西第一条参观路线

这条线的出发点是鼓楼广场，囊括了中山北路沿线的民国建筑。中山北路是 1929 年为迎接孙中山先生灵柩回南京安葬而开辟的中山大道的第一段，是南京重要民国建筑最集中的主干道之一。欣赏南京民国建筑，中山北路是一定要看的。中山北路为东南—西北走向，东南起自鼓楼广场，西北至中山码头止。沿途两边的门牌单双号不太对应，我们就按实际看到的建筑先后顺序排列，自鼓楼广场起依次有：

中山北路 43 号 于右任公馆（第 195 页）。

中山北路 32 号 国民政府外交部（第 196 页）。

中山北路 40 号 熊式辉公馆（第 198 页）。

中山北路 72 号 白云深公馆群。白云深曾任国民政府军政部军需署军需监。大院内有 9 幢建筑，均高两层，青砖青瓦，西式风格。

中山北路 81 号 华侨招待所（第 200 页）。

中山北路 101 号 国民政府最高法院（第 202 页）。

中山北路 105 号 国民政府立法院、监察院（第 204 页）。

乐业村 15 号 丁福成公馆。丁福成，近代著名民族实业家，其出资兴建了福昌饭店（见第 378 页）。公馆位于中山北路 84 号旁的乐业村巷内 30 米右手院中，三层欧式风格，造型气派华美，现空置，已破败不堪。

继续沿中山北路前行，过中山北路／山西路／湖南路路口，可折向人和街，参观：

人和街 9 号 谷正伦公馆。谷正伦为国民政府编练了宪兵并任宪兵司令，有"民国宪兵之父"之称，曾任甘肃省政府主席、贵州省政府主席。

沿人和街西行，在老菜市／祁家桥交会处右转，进入祁家桥，可参观：

祁家桥 1 号 祁家桥俱乐部。由著名建筑师杨廷宝于 1937 年设计，但不久抗战全面爆发，南京沦陷，工程不得不中断。抗战胜利后，才于 1947 年建成。若干年后经拆改加建，已改造为住宅楼了。建筑清水红砖墙，造型朴实大方，由小区大门口即可望见。和门卫打声招呼，可进院参观。

参观完此处，可沿祁家桥—北四卫头一路北行，直至回到中山北路。再沿中山北路回退约 200 米，可参观：

中山北路 215 号 林蔚公馆。林蔚，陆军中将，曾任国民政府军事委员会委员长侍从室第一处主任、军政部次长、国防部次长。西式两层小楼，门廊、檐口、露台装饰细腻，楼前是宽阔的花园。该建筑不临主干道，由中山北路 217 号与 219 号之间的通道进去到头，右转绕至 219 号大厦背后即可见。现由某公司租用，不对外开放。

由此处可过街，参观：

中山北路 178 号 首都饭店（第 206 页）。

中山北路 178 号 土耳其大使馆（第 208 页）。

上述"中山北路 178 号"今为华江饭店，若绕至饭店的背后，可参观：
西流湾 6—1 号 徐恩曾公馆（第 210 页）。

西流湾 6—3 号 蓝文蔚公馆。蓝文蔚是辛亥革命先贤蓝天蔚的胞弟，时任津浦铁路货捐总局局长。进西流湾 6—3 号院门，左手有条窄窄的通道，拐进去即是一幢西式两层小楼，突出的圆柱门廊是其特色，廊柱雕饰精美。由该处也能近距离看到西流湾 6—1 号徐恩曾公馆的背面。

西流湾 8 号 周佛海公馆（第 211 页）。

看完西流湾这几处，建议原路返回中山北路。若不想回头，继续往下走的话，就在前面的虹龙巷左转，也一样回到中山北路。

在中山北路/模范中路交会处（南京本地称"虹桥"），可参观：
中山北路 200 号 国民政府资源委员会（第 212 页）。

过路口，在中山北路上的南京饭店入口，可参观：
中山北路 259 号 国际联欢社（第 214 页）。

此时，可以不忙沿中山北路往下走，不妨穿过南京饭店，我们先去看看一位名人的旧居：
三步两桥 12 号 黄百韬公馆。黄百韬，解放战争时期任国民党第七兵团司令，1948 年在淮海战役中阵亡，被国民政府追赠陆军二级上将。走法是这样：穿过南京饭店大院，出饭店的模范中路大门，右转，顺模范中路往前走 100 米，右手有一平常小巷，却有个文艺的地名叫"三步两桥"。顺小巷进去 50 米，右手有个"三步两桥 12 号 南京六九零二科技有限公司"大院。进大院，右手围墙内有一幢西式两层小楼，黄色外墙，青色大瓦，保存完好，这就是黄百韬公馆。建筑不对外开放，不过围墙低矮，可欣赏建筑外观。看完该公馆，即可顺原路返回中山北路了。

沿中山北路继续前行，在两侧可参观：
中山北路 212 号 国民政府联勤总部/军政部（第 216 页）。
中山北路 283 号 矿路学堂（第 218 页）。

该处附近，可顺便参观：
察哈尔路 37 号 矿路学堂（第 219 页）。

校门口 22 号 成济安公馆。校门口是一条长约 1 千米的蜿蜒马路，路幅不宽。从中山北路/校门口路口进入，沿着校门口一直往下走，有一处门牌为"校门口 22 号"的院落。走进院子，一幢青砖外墙、屋顶为八角形的两层连体小楼，虽然陈旧，但欧式乡村别墅风格引人注目。院内尚有民国时期所植紫藤两株。此处系成济安、任瘦清夫妇在南京的寓所之一。成济安是老同盟会会员，国民党中将，曾任南京临时政府宪兵司令。

沿中山北路继续前行，在两侧可参观：

中山北路 252 号 国民政府行政院（第 220 页）。

中山北路 254 号 国民政府粮食部（第 222 页）。

中山北路 254 号 国民政府行政院长官邸（第 223 页）。

中山北路 303 号 国民政府交通部（第 224 页）。

中山北路 262 号 西北文化协会。现存 3 幢民国建筑：4 号楼为主楼，俗称"飞机楼"，俯瞰呈飞机外形，原为西北民生实业公司驻南京办事处及西北文化协会旧址，产权登记人为当时主政新疆的张治中；3 号楼带有柱廊，红色坡顶引人注目，称"小红楼"；另还有 2 号楼。3 幢建筑都位于今南京医科大学第二附属医院东院内，对外开放。

中山北路 346 号 海军总司令部 / 江南水师学堂（第 228 页）。

该处以北的附近，可顺便参观：

花家桥 8 号 李家和公馆（第 231 页）。

新民门（第 232 页）。

桃源村民国建筑群。在中山北路 346 号老学堂创意园大门西侧、与中山北路 350—1 号之间，有条不起眼的窄路，叫"黄土山"。顺这条小路走进去约 200 米，右手有座居民大院，门牌为"桃源村"。走进大院，就是南京保存最完整的旧时里弄式建筑群之———桃源村民国建筑群。现存 6 幢，均为两层，富有浓郁的石库门风格，是南京民国民居建筑的代表。现已整修出新。

在"中山北路 346 号 海军总司令部 / 江南水师学堂"以南，可顺便参观：

南祖师庵 7 号 俞大维公馆（第 233 页）。

虎踞北路 185 号 英国大使馆（第 234 页）。

察哈尔路 90 号 亚细亚火油公司（第 236 页）。

回到中山北路，继续前行，可参观：

挹江门（第 238 页）。

中山北路 408 号 基督教道胜堂（第 240 页）。

再向前，经过渡江胜利纪念碑，直行，可参观：

宝善街 2 号 扬子饭店（第 242 页）。

沿中山北路继续前行，可参观：

中山北路 576 号民国建筑（第 244 页）。

中山北路 643 号 中山码头（第 246 页）。

中山北路沿线的民国建筑，就到中山码头为止。

中山北路路幅宽阔，走在一边，想必你望不见另一边的门牌号吧？下面这幅示意图，可供大家直观地把握民国建筑在中山北路两侧的分布情况，寻访起来会更方便。

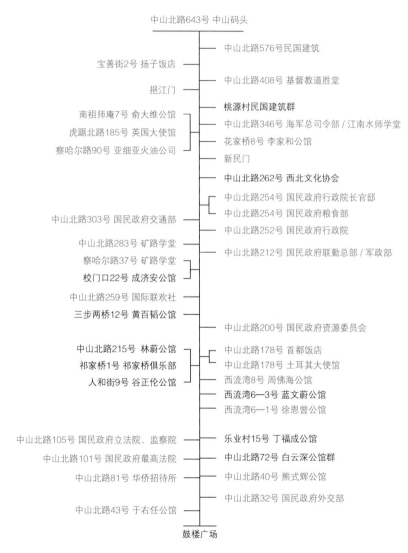

中山北路沿线民国建筑分布示意图

　　这处大院在闹市中显得那么普通，然而穿过其大门，是一幢两层的小洋楼，黄墙红瓦、朱漆木窗，显著的民国建筑特征彰显着它的不同。住在大院里的居民们都知道，这里曾是国民政府要员于右任的公馆。

　　于右任（1879—1964）是中华民国开国元勋之一，长年担任国民政府监察院院长，并以诗、书法闻名于世。

　　该楼建于1929年，为于右任自建，是其在南京的几处旧居之一。如今，它被四周居民楼包围着，因年久失修，已多处残损、破败不堪了。但是二楼的整体格局基本没变，木楼梯、木地板、木门窗、压花玻璃依然是当年的模样。

　　参观指南：现为民宅，可上楼参观，但需注意安静、礼貌。

建成于 1934 年，由华盖建筑师事务所赵深、童寯、陈植共同设计。它既不抄袭西方建筑样式，也不照搬中国宫殿式建筑做法，而采用了"简朴实用式略带中国色彩"的新民族形式。建筑平面为 T 形，其平面设计与立面构图基本采用西方现代建筑手法，但又结合中国传统建筑的细部装饰，室内大厅梁枋天花绘有清式彩画。民国年间出版的《中国建筑》杂志评价外交部办公楼为"首都之最合现代化建筑物之一"。

日军占领南京后，该处成了"中国派遣军总司令部"所在地，侵华日军总司令冈村宁次就在这里办公。抗战胜利后，仍作为国民政府外交部。现为江苏省人大常委会使用，全国重点文物保护单位。

参观指南：从高处俯瞰，如今的建筑体型已呈工字形。多出来的那一"横"（临云南北路的一排），虽然贴着与旧建筑相同的褐色泰山面砖，其实是 1949 年后加建的，可不要认错了。因属办公要地，这里是不允许游客进入的。

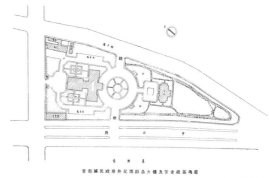

国民政府外交部办公大楼及官舍总基地图（20世纪30年代绘制）

约建于抗战前，现存主楼 2 幢。熊式辉（1893—1974），陆军上将，曾任南昌行营参谋长、江西省政府主席、中国驻美国军事代表团团长。

参观指南：现为省级机关第一幼儿园，不对参观者开放。建筑位于大门内左手，由大门口可望见。

由范文照、赵深设计，1933年竣工。钢筋混凝土结构，庑殿顶，雕梁画栋，飞檐翘角，气势不凡。民国年间，华侨招待所是国民政府侨务委员会的涉外招待所，1947年后改为营业性机构，成为当时南京重要的宾馆之一。

在1931年5月20日举行的落成典礼上（当时工程还未全部完工），蒋介石、陈果夫等到场，来宾有五六百人，十分盛大。蒋介石在典礼上致辞："总理革命四十年，得侨胞赞助之力颇多""政府奠都南京后，无时无刻不以侨胞为念"，所以在中央党部、国民政府的新址都还没开始建造时，特意将华侨招待所首先建成，目的是"希望以后侨胞更能拥护中央"。

凭借其特殊地位和高品质建筑，华侨招待所成了当时名流汇聚之场所，接待过无数政要和外宾。而一楼的多功能厅里，民国时期常举办文化活动，著名画家潘玉良等曾在此举办个人画展。

参观指南：现为江苏议事园酒店，对外营业，可入内参观。

华侨招待所正立面图（20世纪30年代绘制）

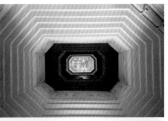

中山北路 101 号对南京人来说，并不陌生，俗称"101 大院"。这儿一度是几十家单位的办公大院，但没事专门进去看看的人并不多。这里是民国时期最高法院，由著名建筑师过养默设计，1933 年建成。

穿过拱形门洞，迎面映入眼帘的是广场中央的圆形喷水池，池中建高大的圆柱莲花碗喷水口，寓意"一碗水端平"。三层的主楼，外观明黄色，西方现代风格，无论正视还是俯瞰均呈"山"字形，寓意"执法如山"。

参观指南：该处毗邻"中山北路 81 号 华侨招待所"，为全国重点文物保护单位。现楼内已清空，大院暂不开放。

国民政府最高法院大门，摄于20世纪30年代

中山北路105号
国民政府立法院、监察院
推荐参观指数：★★

　　建于 1935 年，传统宫
殿式建筑风格，彩画及细部
装饰精致。

　　抗战前，这里是国民
政府法官训练所。1940 年，
汪伪"国民政府"建立后，
这里变成了汪伪"南京特别
市政府"的办公地点。1946
年，国民政府还都南京后，
这里重新成为立法院院址，
监察院也迁至此，与立法院
同在一所大院内办公。

　　参观指南：该处过去几十年都称作"军人俱乐部"，为市民休闲消费之所，曾经热闹非凡。
现已关闭，原单位已搬迁，暂不开放。

中山北路178号
首都饭店

推荐参观指数：★★★

　　能配得上"首都"二字的饭店，在当时无疑是南京最豪华的宾馆。这个记录从它诞生的 1933 年开始，一直稳坐到 1949 年，这里不知迎来送往了多少军政要员和外宾。

　　首都饭店建筑由著名建筑师童寯设计，1933 年竣工。采用西方现代派造型，彻底抛弃了繁缛的装饰，外观简洁明快。主体建筑为钢筋混凝土结构，平屋顶，立面对称构图，中部是四层的厅楼，两翼为三层。共有客房 50 余间，每间都按照豪华标准装修，均有浴室。顶层有阳光室、聚会厅和露台花园。

　　从 1937 年 12 月至抗战胜利时止，这里成为侵华日军上海派遣军司令部。

　　该楼现已改造，屋顶边缘添加了小檐，增设了长廊，与原建筑风格不合。

　　参观指南：今为华江饭店"民国楼"，对外营业，可参观和消费。这家饭店的小龙虾比较有名。

首都饭店鸟瞰图（1932年绘制）

左为乙楼，右为丙楼

在中山北路 178 号华江饭店大院内的右手，一个角落里，有一处院墙围护起来的独立庭院，显得寂寞而又宁静，这里就是土耳其驻中华民国大使馆所在地。

该处现有 2 幢小楼，分别称作"乙楼"和"丙楼"。

乙楼为三层，青砖青瓦，西式风格，系刘婉如于 1935 年所建住宅。

丙楼为两层，原为王哲明于 1937 年所建住宅，1949 年后已拆除，现为重建的。

1946 年 3 月，土耳其政府任命陶盖为首任驻华特命全权大使，租用这两幢花园小楼为大使馆馆舍，1949 年 10 月退租。

参观指南：该处对外开放，可进院参观。

西流湾6—1号
徐恩曾公馆

推荐参观指数：★★

西流湾 8 号大院对面，有个无门牌的院门，进门即可见迎面围墙内草木繁茂，雪松峭拔，一幢神秘小楼隐身其间，此乃当年的周佛海公馆。小楼建于 1932 年，为两层西式建筑，宽大的露台特别显眼。

周佛海曾是中共一大代表、党的创始人之一。1924 年脱党，成为国民党中委和蒋介石的亲信。抗战期间，他又叛蒋投日，成为汪伪政权的"股肱之臣"。日本投降后，于 1946 年被国民政府高等法院判处死刑，次年被改判无期徒刑，1948 年病死于狱中。

抗战胜利后，该处被国民政府没收，改作高级将领招待所，后又成为战略顾问委员会办公地。

西流湾8号
周佛海公馆

推荐参观指数：★★

左页

在中山北路 154 号旁有一条窄巷，它有个诗意的名字——"西流湾"。我们可以不忙沿中山北路前行，先拐进这条巷子看看。

西流湾 6—1 号大门紧闭，越过大门上方，可见一幢两层小楼，西式别墅风格，外墙黄红相间，此乃徐恩曾公馆。

徐恩曾（1896—1985）系国民党特务头子，曾任国民党中央执行委员会调查统计局（简称"中统"）局长。

办公楼

大门

1932年，蒋介石在钱昌照等人的倡议下，决定设立一个国防设计机构。同年11月，国民政府资源委员会的前身——国防设计委员会正式成立。1935年，国防设计委员会与兵工署资源司合并改组为资源委员会，其主要职能有三个：一是关于资源的调查研究，二是关于资源的开发，三是关于资源的动员。资源委员会历任委员长为钱昌照、翁文灏和孙越崎。

旧址含办公楼、大门、警卫亭，建于1947年，由著名建筑师杨廷宝设计。

办公楼面朝东南，高两层，红砖墙，坡屋顶；室内木地板，木楼梯，造价极为低廉。大门门楼顶覆绿色琉璃瓦。大门内两侧原各设置一个警卫亭，庑殿顶，覆绿色琉璃瓦，檐下额枋施以彩绘。如今只有西北侧的警卫亭尚存。

警卫亭

参观指南：该处位于中山北路/模范中路交会处东北角、南京工业大学虹桥校区内，现名"弘正楼"，从模范中路上的大门可进校参观。旧址的大门面朝中山北路，现已弃用不开；办公楼临模范中路，沿街即可看见。

中山北路259号
国际联欢社

推荐参观指数：★★★

　　说是"259号"，实际未见挂有门牌号。或许因形象太"拉风"，瞧一眼就记得住，就不用挂了。中山北路259号是南京饭店，其大院沿中山北路有一座独特的圆弧形建筑，"国际联欢社"五个红色繁体大字高悬在雨篷上方。

　　国际联欢社成立于1929年，是一个以各国驻华外交使团成员为主，并有中国外交界人士参加的旨在联络国际外交人士感情的联谊团体。

　　国际联欢社于1935年12月动工，由基泰工程司建筑师梁衍设计，1936年完工。抗战全面爆发后，南京沦入日军之手，国际联欢社被日伪占用，改为"东亚俱乐部"。抗战胜利后，国民政府外交部收回国际联欢社，并由著名建筑师杨廷宝主持进行了扩建。

　　建筑造型采用西方现代派手法，立面入口设计成半圆形雨篷，中间突出部分以框架柱与弧形钢窗有机结合。立面的柱套、门套选用磨光黑色青岛石贴面，墙面以檐口线和窗腰线等横向线条为主，立面简洁，错落有致。建筑外部别具一格，内部装饰豪华。

　　参观指南：该处现属于南京饭店，对外开放。

中山北路212号
国民政府联勤总部/军政部

推荐参观指数：★★

　　国民政府军政部成立于 1928 年，该处在抗战前是军政部所在地。1946 年 9 月，国民政府军事机构改组，军政部被裁撤。11 月，国防部下辖的联合勤务总司令部（简称联勤总部）成立，部址就设在军政部旧址。现部址建筑已被拆除，唯留有门楼旧貌依然。整个门楼布局对称美观，西式风格。

　　参观指南：该处不对外开放，可欣赏门楼外观。在门楼的一侧有条小巷，进巷可观赏门楼的背面。

该处是江南陆师学堂附设矿路学堂的另一处遗存——总办办公楼（一说是德籍教员宿舍）。

这是一幢按照原貌修复的两层建筑，位于今南京师范大学附属中学内一隅，掩映在现代教学楼和成荫的绿树之间。现为南京鲁迅纪念馆，是中国唯一一所建在中学校园内的鲁迅纪念馆，只对本校师生开放。在校门口街上，隔着学校围墙，可远观该建筑一角。

察哈尔路37号
矿路学堂
推荐参观指数：★★

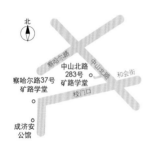

左页

建于1896年，原为清末江南陆师学堂附设矿路学堂的德籍教员楼，鲁迅先生曾于1898年11月至1901年11月在此学习和生活。

1898年4月，鲁迅来到南京，从下关上岸直奔江南水师学堂。不过鲁迅在江南水师学堂只停留了半年，便因学堂太"乌烟瘴气"而退学，后改入江南陆师学堂附设的矿路学堂。可以说，南京是鲁迅人生的第一个驿站，离开故乡绍兴后的鲁迅先后在南京求学、工作了4年时间。南京也是鲁迅走向世界的出发点，鲁迅从这里开始扬帆远航、东渡日本，寻求别样的世界，探求救国救民的真谛。该处现称"鲁迅读书处"，毗邻此楼的社区也因此得名，就叫鲁迅园社区。

参观指南：建筑位于今鼓楼区挹江门街道鲁迅园社区党群服务中心对面，用作社区自助图书馆，对外开放。

办公大楼正面

办公大楼背面

抗战前，这里是国民政府铁道部所在地。抗战胜利后，铁道部撤销，行政院迁址于此。建筑由办公大楼、院长官邸、职员住宅三部分组成，由著名建筑师范文照和赵深合作设计，1930 年竣工。

办公大楼为中国传统宫殿式建筑，重檐庑殿顶，琉璃瓦屋面，钢筋混凝土结构。中央主楼高三层，两侧副楼高两层。整个建筑外表庄严肃穆，内部装修豪华，梁枋、斗拱、门楣等处施以彩绘。

附属建筑群包括 2 幢传统仿古建筑、3 幢中西合璧式的两层建筑，由范文照、赵深设计，均建于 20 世纪 30 年代初，原为国民政府行政院次长楼和高级职员宿舍。

参观指南：该处位于今国防大学政治学院东院内，为全国重点文物保护单位，不对外开放，沿中山北路可欣赏建筑局部外观。这里让大家一睹办公大楼和附属建筑实景。

附属建筑

在国民政府行政院办公大楼后侧，有一幢西式花园别墅，系孙科担任国民政府铁道部部长期间建造，时称"孙科楼"。建筑由著名建筑师陈植、赵深、童寯设计，造型美观，设施齐全。外形左右不对称，正门左边为两层，右边为三层，正门上为阳台。室内装饰雍容典雅，会客室、餐厅、卧室、浴室、卫生间、壁炉等设施一应俱全。

该楼最初是孙科的官邸。1932年后，由担任行政院院长的汪精卫居住。抗战期间，日本驻中国派遣军总司令西尾寿造大将曾在这里居住过。

参观指南：建筑位于今国防大学政治学院东院内，不对外开放，参观者一般是看不到的。

左页

该建筑也位于国民政府行政院大院内。1946年5月，国民政府粮食部随行政院迁回南京，与行政院同在一个院内办公。其办公楼坐落在行政院办公楼正立面的西北侧，主楼高三层，为仿清宫殿式建筑。

参观指南：建筑位于今国防大学政治学院东院内，为全国重点文物保护单位，不对外开放，参观者一般看不到全貌。

中山北路303号
国民政府交通部

推荐参观指数：★★★

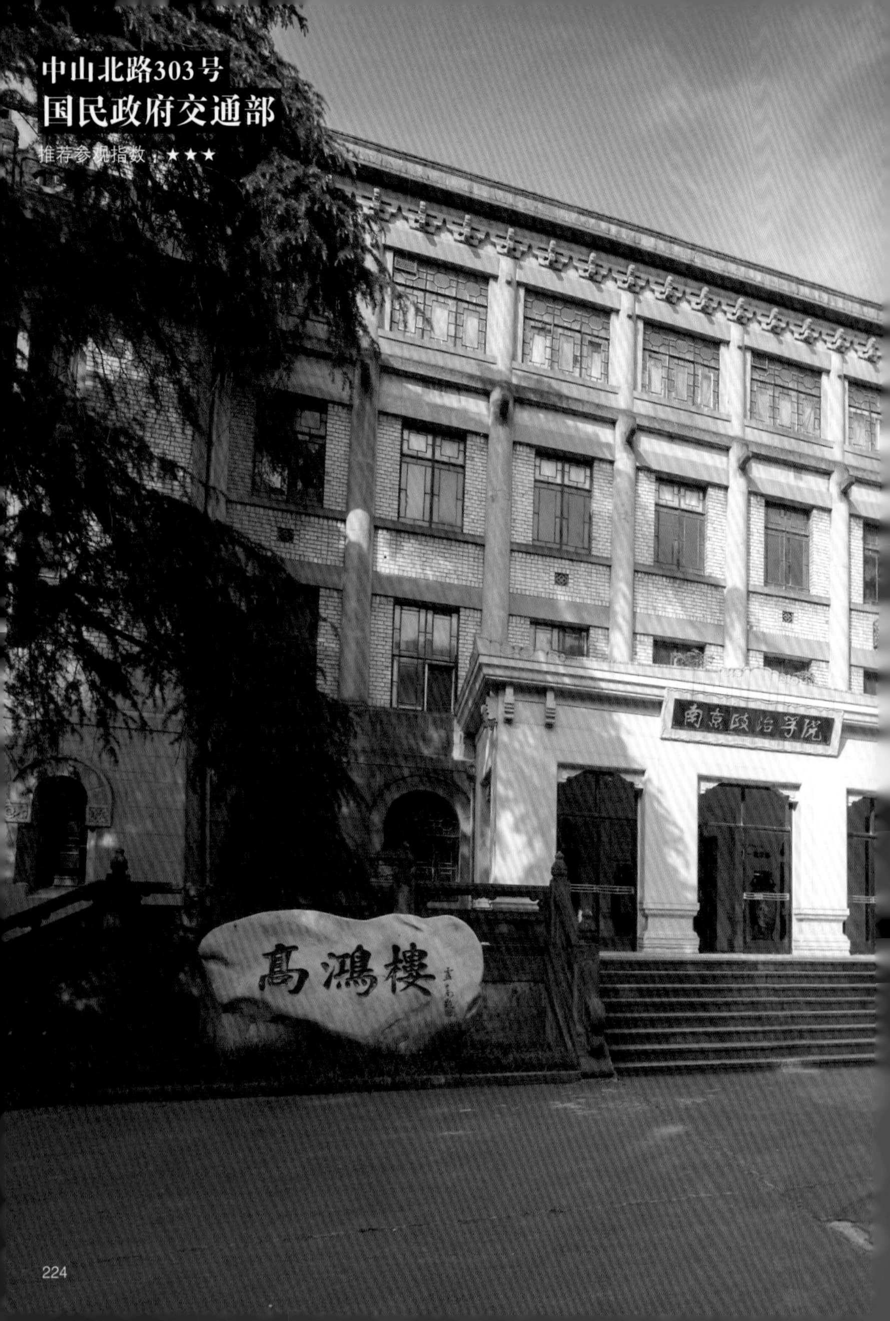

该处与国民政府行政院隔街相望。由上海协隆洋行的俄国建筑师耶郎于 1928 年设计，1930 年 7 月开工，但因各种原因，直到 1934 年底才竣工。国民政府交通部及其下属的中华邮政总局均在此办公。

大楼原是中国传统宫殿式建筑，钢筋混凝土结构，平面呈日字形，中央主楼与两翼附楼中各有一个天井。主楼重檐歇山顶，琉璃瓦屋面，外观雄浑肃穆。围墙外有"护城河"，小河潺潺流过，河上筑有小桥；楼前有花圃，伴有青松翠柏，构成浑然一体的园林式办公区。室内有暖气、地毯，座椅全系皮垫弹簧，有巨大的舞厅，到处悬挂着精致的壁画，四周有五彩壁灯和挂灯，豪华气派。

国民政府交通部，摄于1935年

1937年12月日军攻占南京时，大楼被日军炮火击中，大屋顶被烧毁。日本投降后，1946年，国民政府交通部对其进行修葺，重檐歇山顶改为了平屋顶。

参观指南： 该处位于今国防大学政治学院西院内，为全国重点文物保护单位，不对外开放，沿中山北路可欣赏建筑局部外观。这里特地多展示几幅全景和内景，以飨读者。

中山北路346号
海军总司令部/江南水师学堂

推荐参观指数：★★★

　　江南水师学堂建于清光绪十六年（1890年），是清政府在洋务运动中开办的军事学校。1898年4月，18岁的鲁迅考入该学堂的轮机班就读，同年11月因不满该校"乌烟瘴气"的校风，愤而退学。辛亥革命后改为海军军官学校，1925年停办。后又为国民政府海军部、海军总司令部驻地。

海军总司令部／江南水师学堂内景

　　该处最突出的是它的门壁。门壁临中山北路，建于19世纪末，仿巴洛克风格。砖混结构，平面呈弧形，立面上均匀布置着10根装饰门柱，中部高耸，两边渐低，各柱自下而上又分成5个层次，各柱间以墙体和装饰护栏连接，顶部塑有具有动感的曲线旋涡花纹。门壁正中拱形门上依然可见"海军部"三字。

　　参观指南：该大院的入口位于门壁的西侧、老学堂创意园内，但不允许游客进入。沿中山北路可观赏门壁。

　　花家桥 7 号、8 号是一排连着的两层建筑，建于 20 世纪 20—30 年代。7 号曾为国民政府军事参议院官员住宅，8 号原为李家和所置。该处是南京少有的石库门建筑，其石质门头保存完好，门头上有"锦庆里"字样。现已修缮，恢复了民国时期的原貌，在这条街上特别惹眼。

参观指南：此处位于"中山北路 346 号 海军总司令部 / 江南水师学堂"以东约 150 米，抬眼即可望见。现为民宅，不对外开放，可欣赏建筑外观。

建于 1929 年，法式建筑风格，黄色粉刷与红砖墙面结合，红瓦四坡屋顶。外墙每开间皆设圆壁柱，柱间为巨大的玻璃窗。窗下墙用宝瓶柱装饰，颇具西洋风韵。三层有宽阔的露台，花墙护栏。楼前树木葱郁，浓荫如盖。现保存完好，仍保持着原有的风貌。

俞大维（1897—1993），近代著名的数学家、哲学家和弹道学专家，曾任国民政府兵工署署长、交通部部长。这里也是其继任者交通部部长端木杰的公馆。

参观指南：建筑位于"中山北路 346 号 海军总司令部/江南水师学堂"斜对面的南祖师庵巷中、今中邮通建设咨询有限公司院内，不对参观者开放，由大门口可望见。

南祖师庵7号
俞大维公馆

推荐参观指数：★★

左页

新民门是国民政府于 1934 年在南京明城墙上增辟的城门，位置在新民路西端的护城河西侧、多伦路/新民门路口东侧。民国时期南京增辟城门中，新民门与武定门、汉中门都属于西式牌坊式城门，新民门是唯一保存至今的。20 世纪 50—60 年代，连接新民门的城墙被扒了建房，只因新民门坚固的钢筋混凝土结构，没有遭到拆除。现为全国重点文物保护单位，被光夏新村和建宁新村住宅楼包围着。

小白楼

始建于 1919 年，之后的几十年，英国在南京的使馆建筑一直没有变过。这座大使馆结合了英国人对传统园艺的情趣，前后有大片绿地，整体犹如一座典雅的英式庄园。后因扩建虎踞北路，昔日规模庞大的英国大使馆逐渐被拆，只留下了现在的小白楼、小红楼两幢建筑。

小白楼由英国建筑师设计，英式古典建筑，立面为古典柱廊式，白墙红瓦，造型典雅，内部豪华考究，楼梯、地板仍保持原貌。

在小白楼北侧另有一幢小红楼，红砖红瓦，入口处有柱式门廊，宛如一座欧洲乡村别墅。

参观指南：建筑位于今双门楼宾馆内，为全国重点文物保护单位，对外开放。

小白楼内景

小红楼

察哈尔路90号
亚细亚火油公司
推荐参观指数 ★★

该处位于今南京丁山花园大酒店院内，地处山坡顶，环境清幽。其前身是英商亚细亚火油公司（Asiatic Petroleum Company），又称亚细亚商行商务办事处，由英国风格、荷兰风格的样式不同的建筑组成。现存 4 幢建筑保存完好，编号分别为 1、2、3、6 号楼。

参观指南：该处对外开放。因酒店地势开阔，建筑分布较散，不太好找，请注意路牌指示。

挹江门

推荐参观指数：★★

挹江门，摄于20世纪30年代

挹江门是南京明城墙民国增辟城门，著名的中山大道由此进入南京城，是旧时连通南京城内与中山码头的重要通道。

1921年将城墙凿开，时为单孔城门。1929年，为迎接孙中山先生灵柩奉安中山陵，改为三孔多跨连拱的复式券门。同年4月，国民政府考试院院长戴季陶题写了"挹江门"匾额。1930年建造了城楼。1937年，日军进攻南京时，挹江门城楼被炸毁。今天的挹江门城墙上，还有战斗留下的弹痕和射击孔。1945年抗战胜利后不久，挹江门城楼开始重建，1946年竣工。

1949年4月23日，人民解放军主力部队由挹江门进入南京，并于次日凌晨占领总统府。

约翰·马吉圖書館
JOHN MAGEE LIBRARY

道胜楼

约翰·马吉图书馆

由美国圣公会差会创建于 1915 年，取"以道胜世"之意，故名"道胜堂"，是基督教圣公会传教、礼拜的场所，首任牧师为约翰·马吉。约翰·马吉曾在南京大屠杀期间，与拉贝、魏特琳等外籍人士组成南京安全区国际委员会，救护南京百姓。他用手中的摄影机记录下的日军暴行，为远东国际军事法庭审判日本战犯提供了铁证。

现存一组 5 幢中西合璧建筑，外观是中国民族风格，内部为西式装饰。为纪念约翰·马吉牧师的义举，旧址主建筑命名为"约翰·马吉图书馆"。

参观指南：该处紧邻挹江门，位于今南京市第十二中学校园内，只对本校师生开放。沿中山北路可欣赏道胜楼外观。

约翰·马吉
（John Magee，1884—1953）

1912—1914 年，法国人法尔里出资申请并设计建造了一家名为"法国公馆"的西式饭店，这是南京作为通商口岸正式对外开放后最早的一家西方人开办的宾馆。1921 年，法尔里病故，其妻李张氏改嫁和记洋行职员英国人伯耐登，继续经营该饭店。1928 年，伯耐登将"法国公馆"改名为"扬子饭店"。

因为最初是法国业主，所以采用了法国古典主义府邸样式，其特征就是红色的法国孟莎式铁皮屋顶加阁楼老虎窗。建筑形体高低错落有致，外观类似城堡。但它又是一幢中西合璧式的建筑，即外观采取西洋建筑形象，但墙体材料使用中国的明城墙砖，砖上明代制砖铭文依稀可见。整体建筑风格古朴典雅，颇具异国情调，而细节处又见中式风韵，呈现出独特的个性。

这座饭店里发生过许多故事，留下了不少近代历史烙印。1929 年，国民政府举行奉安大典时，扬子饭店成为外交部招待各国专使的定点饭店。1933 年，宋庆龄来南京时曾下榻于此。现经修缮，基本保存原有格局和结构，并已重新开业迎客，喜欢古堡酒店的朋友一定很期待吧。

参观指南：该处位于中山北路与宝善街交会处，建筑北面临中山北路。现称"南京颐和扬子饭店"，对外营业，可参观和入住。

　　这幢风格样式中西合璧的建筑，位于中山北路尽头与江边路交会处，和中山码头大楼隔街相望。其平面呈 W 形，外观犹如一只展翅的大鸟。色彩华丽而庄重，以红色为主，民间俗称"小红楼"。

　　关于"小红楼"的建筑年代和身份，有多种说法，至今尚无定论。比较多见的说法：

　　一是建于 1928 年，当时为孙中山先生奉安大典临时指挥部。

　　二是 1935 年建成并投入使用的津浦铁路首都车站。为方便北上旅客，津浦铁路局专设此站。旅客可在这里购票、候船，由中山码头过江至浦口上车。

　　三是该建筑原是中山码头配套的售票处和行李房。

　　四是建于 1946 年，为首都电厂办公楼，1949 年后成为下关发电厂的办公场所。

　　五是当年汪精卫曾在此办公，故又被叫作"汉奸别墅"。

参观指南：该处现已打造成艺术中心，可入内参观。

中山北路643号
中山码头

推荐参观指数：★★

1928 年，为保障孙中山先生奉安大典顺利进行，国民政府决定在下关江边建设码头以迎接先生灵柩。大典举行后，为纪念孙中山先生，灵柩所到之处均被冠以"中山"之名，如中山门、中山桥、中山路等，灵柩登陆的码头亦被定名为中山码头，并沿用至今。

码头设有候船厅、栈桥、趸船，室外建有广场。修缮后的候船厅，透出浓郁的民国风情。二楼廊道双侧大楼梯的墙上挂满了民国时期的南京代表性建筑及孙中山先生奉安大典旧照，仿佛是一个民国影像博物馆。

如今的中山码头依然是南京市民往返江南江北之间的重要交通站点，乘客只需刷一下公交卡便可乘坐渡轮过江。

参观指南：该处对外营业，可入内参观。

从长江江面俯瞰中山码头

由中山码头，我们可以折向江边路，继续沿江边路一路向北参观到底，也可以从中山码头直接搭乘渡轮过江参观。这里先讲沿江边路吧，然后再讲过江。

江边路沿线的民国建筑有：

江边路 1 号 首都电厂民国建筑（第 249 页）。

江边路 21 号 南京港候船厅（第 250 页）。

该处南侧那条支路，叫大马路，可进大马路参观：

大马路 66 号 中国银行南京分行（第 252 页）。

大马路 62 号 江苏邮政管理局（第 254 页）。

沿着大马路继续走下去，可顺便参观：

天保里民国建筑群。该处有点难找。顺大马路向南一直走到头，在大马路 / 建宁路 / 惠民路三条路的交会口西北角，围墙内有一排排规整的两层民居。在手机地图里输入"鼓楼区 天保路"也可定位。该建筑群位于天保里和天保路，是南京为数不多的民国天主教教众居住区，虽然破败，但斑驳的墙壁以及考究的石质门头原汁原味。现正在修缮，被围挡。

龙江路 8 号 南京下关车站（第 256 页）。

回到江边路，一路到底，可依次参观：

江边路 24 号 南京招商局（第 258 页）。

江边路 46 号 民国海军医院（第 259 页）。

铁路轮渡栈桥（第 261 页）。

宝塔桥西街 168 号 和记洋行。始建于 1913 年，由英国伦敦合众冷藏有限公司筹建，俗称"英商南京和记洋行"，简称"和记洋行""和记蛋厂"。合众冷藏有限公司是当时世界上最现代化的食品加工厂，在中国建有多个洋行，统称和记洋行，其中以南京的和记洋行规模最大，也是当时中国最现代化的食品加工厂，拥有"亚洲第一冷库"的称号。和记洋行的建筑多为钢筋混凝土结构，大多数保存至今，包括办公楼、厂房、冷库、屠宰间、码头、机房、英国厂长住宅等。现正在进行改造开发，未来将打造成大型城市综合体。

宝塔桥东街 1 号 和记洋行厂长住宅（第 262 页）。

至此，沿江边的参观路线就结束了。目前，南京正在修建地铁 5 号线，未来江边路沿线将设站，朋友们寻访民国建筑会更便捷。

该处位于中山码头北侧、长江岸边，现为民国首都电厂旧址公园。尽管历经百年风雨，但依然保留着原先电厂的卸煤和取水码头、塔吊、传送带等老物件。置身公园中，仿佛将游人带进了微缩版的德国鲁尔工业区。

电厂变身旧址公园是在 2014 年，鼓楼区对它进行了修缮改造，将原建筑改造为展览馆、互动区和水上观景平台，并保留了原机器设备供游人参观。

XIAGUAN INSIDE

参观指南：该处对外开放，免费参观。

江边路21号
南京港候船厅

推荐参观指数：★★

　　老南京人都记得，早年长途交通不发达，人们常常坐船出行。那时赴武汉、重庆出差，没有高速公路，也不通铁路，都是在此乘坐长江客轮溯江而上。这购票等船的地方，就是江边路 21 号南京港候船厅。

　　如今客轮已停运，码头已关闭，候船厅失去了它所承担的使命。经过修缮，它已变身为"南京下关历史陈列馆"和"南京滨江商务区规划展览馆"，供市民免费参观。

　　建筑为三层，平面呈"凹"字形。建筑风格为现代中式，屋顶为简化歇山顶，正面中部有混凝土仿制的中式古典阑额与雀替，窗套为简化的垂花样式。建筑立面构图协调，线脚丰富，装饰精美，是用现代材料与工艺表达中国传统装饰艺术的代表。

大马路66号
中国银行南京分行

推荐参观指数：★★★

　　南京港候船厅旁那条支路，叫大马路。别看如今这条路宁静而陈旧，20世纪20—30年代，它曾经是南京最繁华的商区之一，时有"南有夫子庙，北有大马路"的说法。此处集中了2幢建于民国时代的精美建筑，即"大马路66号 中国银行南京分行"和"大马路62号 江苏邮政管理局"。

　　步入大马路，首先映入眼帘的是中国银行南京分行旧址。它建于1923年，入口处有6根巨大的爱奥尼柱纵贯两层，是西方古典建筑样式在南京的早期实例。

　　参观指南：现为长江水利委员会水文局长江下游水文水资源勘测局，不对外开放，可欣赏建筑外观。

大马路62号
江苏邮政管理局

推荐参观指数：★★★

254

日军占领下的下关大马路。画面中清晰可见远处的江苏邮政管理局和中国银行南京分行大楼

建于 1918 年，由英国建筑师设计。立面设有外廊、立柱、厚厚的水平檐口，平屋顶上建有一圆顶的塔楼。立面多处做有水刷石浮雕，细致精美。

1937 年日军进攻南京时，对下关沿江一带多次轮番轰炸，大马路受到严重破坏。1941 年 6 月 17 日《南京新报》刊载的"国都咽喉下关之描述"一文称："下关遭日军破坏后，化为一片瓦砾之场，损失极大，市面之凋零、冷落异常。"

如今的大马路早已不复当年的繁华景象，只剩下这两幢有着民国特色的建筑和被炸毁的断壁残垣，倾诉着老下关的气韵。

参观指南：该处目前处于空置状态，不对外开放，可欣赏建筑外观。

龙江路8号
南京下关车站

推荐参观指数：★

上海铁路局南京

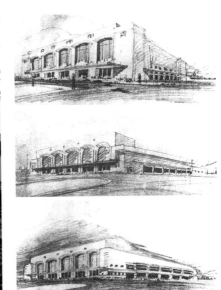

　　清光绪三十四年（1908年）沪宁铁路建成通车后，这里被称为沪宁铁路南京车站。国民政府定都南京后，改称南京下关车站。汪伪时期一度被称为南京车站。1968年更名为南京西站。

　　下关车站初建于清光绪三十一年（1905年），建筑规模并不大。1930年，国民政府铁道部对车站进行重建，又于1947年进行扩建，规模为全国之首，成为民国南京的重要门户。

　　扩建工程由著名建筑师杨廷宝负责，上右图为杨廷宝手绘的下关车站扩建草图。

　　扩建后的车站，形成一座呈U形的建筑，南北两翼为两层，西面主要入口设计成五孔高13米的大拱门。大厅采用钢筋混凝土排架结构，大厅南侧设置行包房、售票处，北侧为贵宾入口。1948年增建站台，站台上的柱子采用铸铁制造而成。

　　参观指南：该处位于惠民路/龙江路交会口北侧，从先前参观完的"天保里民国建筑群"所在的大马路/建宁路/惠民路交会口，沿着惠民路向东北走500米即到。现已停运，不对外开放，可欣赏建筑外观。参观完该处，即可沿龙江路走回江边路继续寻访。

江边路24号
南京招商局

推荐参观指数：★

南楼

　　沿江边路向北快走到头了，就能看到一座长条形的平房，青砖墙，灰色铁皮屋顶，简朴、低调。此处是建于 1930 年的民国海军医院，现存南楼和北楼，格局基本保持完整。

　　南楼南北长约百米，是当年的住院部。建筑东立面的中央有个大门，门两旁竖着一对石质罗马柱，是原样复制的。罗马柱两旁的回廊上，有一个个宝瓶栏杆，雕刻精致，这些宝瓶栏杆也是按原样复制的。

　　北面不远处的一处建筑是北楼，平面呈"凹"字形，有庭院，是当时的手术室、门诊室等。

　　这组建筑虽然使用的材料简陋，但建筑风格中西合璧，既有传统的木屋架、中式雕花，也有西洋的罗马柱。门前数十棵高大的法国梧桐，是建院的同时栽种的，今已成林荫大道。树影婆娑间，民国海军医院看似低调的外表，其实有着显赫的身世，救治过一批批伤兵病人。

左页

　　清招商局于 1873 年在上海成立，1899 年在南京下关设立分局。1947 年，国民政府招商局在此新建一座船形办公楼，由著名建筑师杨廷宝设计。建筑造型似一艘扬帆远航的巨轮，外立面为米黄色。

参观指南：现为某公司驻地，不对外开放，在院外可欣赏建筑外观。

民国海军医院南楼回廊上的宝瓶栏杆

参观指南：南楼目前空置，北楼现由房地产开发商租用，均对外开放。

右页

从民国海军医院旧址继续往下走，行至老江口，即可见铁路轮渡栈桥旧址。

铁路轮渡，简单地说就是火车乘船过江。渡轮上修有铁道，火车可从陆地的铁道直接开进渡轮的铁道，然后乘船过江。采用铁路轮渡时，两岸须架设栈桥，供机车车辆驶上和驶下渡轮。

南京铁路轮渡位于下关老江口到浦口之间，建成于 1933 年，是中国也是亚洲第一条铁路轮渡，曾被评选为 1927—1937 十年间的中国"十大工程"之一。它是长江南北通道的咽喉，跨越长江，将大江南北的津浦线（天津至南京浦口）和京沪线（民国时期的京沪铁路是当时的首都南京至上海）连接起来。

1968 年 10 月，南京长江大桥开通，客车及货物列车改经大桥通过，铁路轮渡只留部分军用。1973 年 5 月，南京铁路轮渡封闭停航。栈桥至今保存完好。

参观指南：该处紧挨着下关火车主题公园，对外开放，是追寻历史回忆和休闲体验的好去处。

铁路轮渡栈桥旧址

The Old Site Of Train Ferry And Approach Bridge

　　由宝塔桥西街 168 号和记洋行旧址，还可以再往前行，一直走到南京长江大桥引桥下，可见栅栏内绿草如茵，大院中有一幢三层带外廊建筑，米黄色外墙，红色铁皮坡屋顶，此为和记洋行厂长住宅。

　　参观指南：建筑位于今上海铁路局南京铁路招待所（南京铁路会议中心）内，一般不对参观者开放，隔着栅栏可远观建筑全貌。若开车前往，径自开进院子，兴许得以参观建筑细部。对了，该处亦是观赏南京长江大桥雄姿的绝佳视点。

　　沿江边路的寻访就到此为止。

回到中山码头。从中山码头可直接搭乘渡轮过江参观。虽然也可以走长江大桥和扬子江隧道，但我们还是沿着历史的足迹走一回吧。从中山码头坐轮渡到对岸，下船后对面就是浦口火车站。轮渡票价 2 元（和公交一致），船很大，还能上自行车和电动车，10 分钟就到了对岸。

出了浦口码头，会给人一种时光倒流的感觉，这里的环境风貌和刚刚过来的南岸是那么的不同。周围的街巷建筑历经沧桑，一切都像是停滞在了 20 世纪 80 年代。

浦口的民国建筑大多与津浦铁路有关。那么，就先来了解一下津浦铁路吧，对我们参观以下的民国建筑会有帮助：

津浦铁路始建于 1908 年（清光绪三十四年），于 1912 年（民国元年）全线筑成通车，是中国重要的南北干线。北起天津，南至南京浦口，全长 1009 千米，设站 85 个。

津浦铁路是清政府向英、德两国贷款修建的，以山东枣庄为界，南段铁路由英国人控制，各车站均为英式建筑风格。浦口站是津浦铁路的终点又是一等大站，英国人在设计建造时尤为精心。

1968 年南京长江大桥建成使用，南京成为连接京沪的中间站，津浦铁路也延伸更名为京沪铁路。

由此，来到浦口，可从浦口火车站及其附近街道开始寻访。可重点参观的民国建筑有：

浦口津浦路 1—1 号 津浦铁路局图书馆。两层英式建筑。

浦口津浦路 2 号 浦口火车站配套旅社。两层，红砖墙体，为民国时期浦口火车站配套设施。

浦口津浦路 3 号 浦口火车站配套住宅。民国初年英国人建造，院内两侧各有 1 幢两层建筑。

浦口津浦路 4 号 职工公寓。两层，青砖墙体。民国时期为职工公寓，1949 年后仍为铁路职工公寓，目前闲置。

浦口津浦路 5 号 浦口火车站配套旅社。三层，红砖墙体，为民国时期浦口火车站配套设施。

浦口津浦路 12 号 职工住宅楼。为 20 世纪 40 年代所建浦口火车站集体宿舍，1949 年后为南京北站职工家属住宅。

浦口津浦路 30 号 浦口火车站（第 266 页）。

浦口大马路 5 号 浦口电厂。1923 年建成，1924 年 7 月正式供电，1951 年停止供电。现存 3 幢民国建筑，原电厂厂房是主要建筑，曾为铁路工人俱乐部。另有两层建筑 1 幢、平房 1 幢。

浦口大马路 15 号 商住楼。20 世纪 30 年代日本人所建，两层，红砖墙体，檐下有木斜撑。

浦口兴浦路 2 号 兴浦路储蓄所。前后 2 幢两层建筑，青砖墙体，民国时期作为银行使用。

浦口兴浦路 5 号 浦口邮件交换局。两层楼房，为浦口火车站兴建时期的邮政配套设施。

浦口兴浦路 7 号 邮局盐库。院内有平房 1 幢，20 世纪 30 年代日伪时期日本人所建，抗战胜利后为国民政府邮局盐库。

浦口南门龙虎巷 1 号 浦镇扶轮学校。"扶轮"是 1949 年前我国铁路中小学的专用校名，凡国有铁路沿线统一冠以此名。该学校始建于 1931 年，专收浦镇车辆厂员工子弟入校。现存 1 幢两层教学楼，原貌基本未变。

浦口南门龙虎巷 2 号 侵华日军浦镇南门慰安所遗址。1937 年 12 月，侵华日军占领浦镇南门，在此设立慰安所，资料显示是一座两层的木楼。20 世纪 80 年代拆除，但当年木楼的形制依旧保存了下来，是南京沦陷期间的血泪控诉据之一。今临街两层门面房是后建的，院内的后墙上镶有纪念铭牌。

浦口南门龙虎巷 5 号 浦镇车辆厂英式建筑（第 270 页）。

浦口南门龙虎巷 5 号 浦镇车辆厂建筑群。1908 年清政府借英、德资金建设浦镇机厂（浦镇车辆厂的前身），1909 年、1921 年先后建成厂房。1927 年工厂归国民政府管理后，进行了改扩建。1945 年后，国民政府进行了修缮。旧址至今仍保留了一批 20 世纪早期的典型工业建筑及其配套建筑，其中规模最大、最具历史风貌的"大厂房"可同时容纳 12 辆机车入库。如今厂房内部已改为钢筋混凝土结构，但建筑外貌依然未变。

浦口南门龙虎巷民国民居。20 世纪初至 30 年代，铺镇机厂一批有经济能力的北方职工在此集中建房，形成规模。建筑有四合院、三合院等多种院落格局，青砖灰瓦，空花院墙，砖砌图案简洁美观，门头砖雕细腻考究。以龙虎巷为主骨架，各类民居规整排列，形成了或与其相交，或与其平行的众多巷子，有虎山街、思素巷、仁义巷、民安巷、如意巷、进德巷、同义巷、居仁巷、礼义巷，密集狭窄的小巷纵横交错，四通八达，现称"龙虎巷历史地名文化街区"。整条老街原汁原味，至今保存完整。

侵华日军浦口战俘营旧址。位于今扬子江生态公园内。1940 年，侵华日军在此地建了战俘集中营，先后关押 5000 余名抗日战俘。日军逼迫战俘进行苦役劳作，将煤炭矿石装船运往日本，掠夺中国资源。由于日军的残酷迫害，战俘们先后发动了 4 次越狱暴动，至抗战胜利，战俘营幸存 800 余人。在集中营周边的河中以及埋葬战俘的乱葬岗子上至今仍有累累白骨。为了铭记这段血泪历史，旧址竖立"抗日蒙难将士纪念碑"。

整个浦口区范围很大，本书介绍的是比较有看点、位置相对集中的民国建筑，其余过于偏远、零散的，就不作介绍了。

浦口火车站于1914年竣工投入使用，成为国内重要的交通枢纽，是当时北方人"进京"的必经之地。

浦口火车站的候车大楼、月台、雨廊、电报房（后改为售票处）、贵宾楼（即今南京北站派出所）、中山停灵台、高级职工宿舍等主体及配套建筑，都被系统性地保存下来，弥足珍贵。它是中国唯一完整保留历史风貌的百年老火车站，也是南京江北新区唯一的全国重点文物保护单位。

中国近代史上，浦口火车站是一个经常出现的地名：

1918年，朱自清去北京上学，在此与父亲话别，写下散文名篇《背影》。

1919年春，毛泽东送湖南留法学生去上海，在此

候车大楼

雨廊

丢失了一双布鞋，陷入困顿，幸遇老乡，解了燃眉之急（见埃德加·斯诺的《西行漫记》）。

1929年5月28日，孙中山先生的灵柩通过津浦铁路从北平运抵浦口火车站，在此稍作停靠后，通过浦口码头过江，安葬于中山陵。

1930年，"东北易帜"后，少帅张学良首次来到南京，全体中央委员到浦口火车站迎接。当时张学良只有29岁。

1949年，邓小平和陈毅到达浦口火车站，当夜过江，驱车进驻总统府，迎来南京解放的曙光。

1968年，南京长江大桥通车，浦口火车站中止客运。1985年再次恢复客运，并更名为"南京北站"。2004年，浦口火车站永久性停止客运。

浦口火车站近年来逐渐成为以民国为背景的影视剧的重要外景基地，热播电视剧《情深深雨濛濛》《金粉世家》、电影《国歌》等均在此拍摄过场景，被誉为中国"最文艺"的九个火车站之一。

参观指南：浦口火车站及其周边民国建筑目前正在修缮，暂不开放，未来将打造成民国风情特色小镇。

浦口火车站月台

　　建筑位于浦镇车辆厂内的制高点——山顶花园，有长长的台阶可至。山丘高约30米，人称老韩山、虎山。建于1909年，有英式别墅2幢，原为英人厂长澳斯敦、总工程师韩纳等高级管理人员住宅。澳宅为矩形建筑，四面有长廊，为避潮气，整个建筑架空1米多，内部基本维持原格局。韩宅为多边形建筑，前有长廊。别墅环境优美，虽历经风雨仍保持原有风貌。据浦镇车辆厂老人回忆：蒋介石和冯玉祥曾在此会晤居住。又据南京《周末》报载文披露：大汉奸汪精卫和日本女间谍川岛芳子曾在此秘密会晤，进行机密交易。由于有国民党政要在此活动，别墅又蒙上了神秘的色彩。

　　参观指南：该处距浦口火车站可不近，由浦口火车站前往，路程约5千米。进浦镇车辆厂1号门（东北门），直走到头，右转，在保卫处门前再左转，即可见一条长长的上山台阶，登台阶上至山顶即到。厂区不对参观者开放，我们因持有介绍信，得以入内。朋友们如何进厂参观，就看各位的沟通能力了。

向西第二条参观路线

本条路线的出发点是鼓楼广场，包括整条北京西路和整个颐和路公馆区。

先讲北京西路。北京西路是一条东西向的干道，东起鼓楼广场，西至草场门的石头城路止。北京西路以银杏和法国梧桐为主要行道树，是南京风景最漂亮的林荫大道之一。沿途分布有江苏省委、省政府等省级机关，沿线的民国建筑，分布于鼓楼公园西侧的"3号"到省政协对面的"67号"这一段。路南为单号，路北为双号。北京西路两侧的民国建筑，主要是私人公馆和外国使馆。建筑大都是西式花园洋房，坐北朝南，围有院墙。现多为私宅，不对外开放，沿北京西路可欣赏建筑外观。站得远一点，可看到的部分更多。具体说来，北京西路沿线的民国建筑，自东向西依次有：

北京西路3号 日本大使馆（第275页）。

北京西路4号 私立鼓楼幼稚园（第276页）。

这里顺便提一下"三省里11号 刘沁、朱勇公馆"，因在北京西路上就看得见它，而其门牌号却不叫"北京西路"。眼见北京西路17号江苏化工大厦背后，有一幢精致的西式两层小楼，外观完好，屋顶错落有致。再走几步，在江苏化工大厦与江苏省人民检察院大楼之间，有一小巷名"三省里"。顺此小巷进去，拐个弯，就来到小楼面前。该公馆原产权人刘沁是国民政府空军配件厂厂长，其妻朱勇是陈果夫之妻妹。现为某公司驻地。

让我们继续西行：

北京西路19号 法国大使馆（第277页）。

北京西路21号 唐铭阁旧居。唐铭阁是国民政府电报局工程师。

北京西路23号 荷兰大使馆。唐心铭于1937年置地所建，1949年前，一度为荷兰政府购置的驻华使馆产业。

北京西路25号 罗刚公馆。罗刚任国民党中央宣传部宣传处处长。

北京西路27号 埃及大使馆（第278页）。

北京西路31号 李黉（hóng）达旧宅。李黉达是南京老字号"李顺昌西服店"经理。

北京西路33号 施悦笙旧宅。施悦笙是开悦昌记营造厂的。

北京西路35号 刘阴远公馆。刘阴远，中央大学教授，后为外交部高级官员。

北京西路36号 徐国镇寓所。徐国镇曾任国民党军训部步兵监兼陆军总务厅厅长，1936年授中将衔，1944年在重庆被劫遇害。

北京西路38号 李世琼旧居（第279页）。

北京西路39号 柳克宣寓所。根据铭牌，柳克宣是国民政府立法委员。又有文献称房主为柳克述，此人担任过《北平日报》总编辑，后投身国民党政界。两个姓名有一字之差。

北京西路41号 中英文化协会（第280页）。

北京西路42号 陈铭德、邓季惺寓所。这对夫妇联手经营《新民报》(《新民晚报》前身)，在当年影响颇大。邓季惺有一子，是著名经济学家吴敬琏。

北京西路44号 印度大使馆。原是国民党中将贺耀祖的宅邸，1946年11月至1950

年 4 月租予印度驻华大使馆。

北京西路 46 号 汪荣宝公馆。汪荣宝，北洋政府时期外交官，曾任驻日本、瑞士、法国、比利时公使。该处位于北京西路 / 莫干路路口。

北京西路 50 号 王剑青旧宅。王剑青是国民政府经济部矿业司科员。该处现为幼儿园。

北京西路 52 号 葡萄牙大使馆。原产权人为上海新新公司经理欧阳悦，1949 年前，一度租赁给葡萄牙驻华大使馆使用。

北京西路 53 号 梁汉明公馆。梁汉明时任国防部中将参议。

北京西路 54 号 邓贤公馆。邓贤留学美国，是近代中国第一位保险学博士，曾任重庆兴华保险公司协理、上海宝安产物保险公司总经理。

北京西路 55 号 盛玉庭公馆。盛玉庭，国民政府兵工署科长。建筑临街立面上纵贯两层的落地大窗和三扇六角形窗，形似一张大眼睛、大嘴巴的面孔，颇有意趣。

北京西路 56 号 端木恺公馆。端木恺曾任国民政府行政院秘书长。

北京西路 57 号 周云程公馆。周云程，前中国地产公司经理。建筑现已修缮一新。

北京西路 58 号 美国大使馆。原产权人为余振堂。

北京西路 60 号 许继廉公馆。许继廉，抗战前任国民政府邮政局邮务长。

北京西路 62 号 张兴之公馆。张兴之，大陆银行南京分行经理。

北京西路 64 号 李圣五公馆。李圣五曾任国民政府外交部总务司司长，后加入汪伪政权，1945 年被逮捕。

北京西路 66 号 龚德柏寓所 / 澳大利亚大使馆（第 281 页）。

北京西路 67 号 美国军事顾问团公寓（第 282 页）。

南京地铁 4 号线贯穿北京西路，在北京西路设 3 站，分别是鼓楼站（近北京西路 3 号日本大使馆）、云南路站（近北京西路 19 号法国大使馆）、南艺·二师·草场门站（近北京西路 67 号美国军事顾问团公寓），朋友们可就近下车寻访。

右页

20 世纪 20 年代末之前，日本驻华公使馆都设在上海日本租界内，南京设有总领事馆。1937 年 12 月日军占领南京后，将原设在白下路的总领事馆搬迁至此，升格为大使馆。抗战胜利后，日本大使馆不久也就关闭了。

日本驻华大使馆建于 20 世纪 20—30 年代，现仅剩 1 幢点式楼。楼正面设八字形楼梯，直通二楼。在八字形楼梯下方设一门。外廊柱头、门头花饰及栏杆细部受巴洛克风格的影响。

参观指南：该处位于鼓楼公园西侧，从地铁 4 号线鼓楼站 5 号口或 6 号口出来，向西步行 200 米即到。现为武警南京市支队驻地，隔围墙可欣赏建筑上部外观。该处西侧即金陵大学旧址（今南京大学鼓楼校区）。

北京西路19号
法国大使馆

推荐参观指数：★★

建于 1937 年，原为国民政府交通部行政司司长李景潞的公馆。1946 年 5 月，法国驻华大使馆租用，至 1950 年 4 月停租关门。其东侧半圆形的露台，在北京西路众多别墅中独树一帜。

参观指南：建筑位于北京西路/宁海路路口西南角。从地铁 4 号线云南路站 1 号口出来，向西步行 400 米即到。它虽与"北京西路 3 号日本大使馆"之间只隔了十几个号，但行程有地铁一站路之遥。骑自行车无所谓，步行的话，还是够走一阵子的。不过，两处之间有金陵大学旧址，也可一并参观过来。另外，该处马路对面即著名的颐和路公馆区。

左页

私立鼓楼幼稚园是著名儿童教育家陈鹤琴创办的中国最早的实验性幼稚园。现存平房一幢，建于 1923 年。它本来是陈鹤琴的私宅，从当年的一间客厅开始，发展成如今的名牌幼儿园——南京市鼓楼幼儿园。

台湾作家三毛童年也就读于这所幼稚园，当时她家住幼稚园旁的鼓楼头条巷 4 号。在她的散文《但有旧欢新怨——金陵记》中，极富感情地描述了这段往事。

参观指南：建筑位于今南京市鼓楼幼儿园内，从大门即可望见。该处斜对面即日本大使馆旧址。

北京西路27号
埃及大使馆

推荐参观指数 ★★

主楼依坡而建，米黄色外墙，西方现代风格，建筑造型优美，但看不到全貌。它为中央大学牙医专科学校校长黄子濂于1937年前置地所建，1947年5月埃及驻华大使馆租用，至1950年5月止。

李世琼于 1935 年购地所建。李世琼(1888—1970)，国民政府的兵工专家，曾任民国厦门大学和东南大学教授、兵工署第三十工厂厂长、兵工署制造司副司长。

该处位于北京西路 / 西康路路口。建于1928—1937年，原为民国时期救国日报社社长龚德柏寓所，1949年前一度租给澳大利亚驻华大使馆使用。

如今每年初夏蔷薇花盛开时节，粉红鲜绿的花枝越过墙头，缀满围墙，煞是好看，引得大批文艺青年来此留影。

北京西路66号
龚德柏寓所 / 澳大利亚大使馆
推荐参观指数：★★

左页

建于1935年，曾为中英文化协会（亦称英国文化协会）办公所在地。1937年11月29日晚6时，南京特别市市长马超俊在此宣布成立南京安全区国际委员会，西门子洋行（中国）驻南京代表拉贝任主席，总部设于宁海路5号。

参观指南：该处位于北京西路 / 玉泉路路口，现为某公司驻地，平时大门开时允许进入。

北京西路67号
美国军事顾问团公寓

推荐参观指数：★★★

A楼

B楼

如果不说，你不会想到这是一处民国建筑吧。简洁明快的现代派风格，完全摒弃了中国古典建筑那些繁琐的装饰，使得整个造型舒展大方。它的设计者是华盖建筑师事务所的赵深、陈植和童寯，南京很多优秀民国建筑都是他们三人合力完成的。

因分A楼、B楼，故俗称"AB大楼"。1935年开工，其间因抗战全面爆发，延宕至1945年抗战胜利后方竣工。在马歇尔来华"调处"期间，蒋介石向美国要求设立军事顾问团。1946年3月，美国驻华军事顾问团成立，由美国将校军官1000人组成，该楼专供顾问团成员和家属居住。美国军事顾问团公寓是我国近代建筑史上最具代表性的现代派建筑实例之一。

参观指南：A楼即今华东饭店的A楼；B楼在其东侧，即今华东饭店的B楼。均对外开放，可入内参观。距该处最近的地铁出口是4号线南艺·二师·草场门站2号口，约600米。

终于讲到闻名遐迩的颐和路公馆区了。

颐和路公馆区其实是由北京西路、江苏路、宁夏路、西康路围合而成的一个超级街区。区内道路皆以中国各地风景名胜命名：颐和路为中轴，牯岭路、琅琊路与其十字相交，宁海路、莫干路、普陀路、灵隐路、天竺路、珞珈路、赤壁路穿插其中。什么叫品位，什么叫优雅，冲这些路名也可想见。

这里是民国按照"首都计划"实施的最大住宅示范区，自 1933 年起陆续建成 287 处独立式花园住宅，至今保存较为完好的仍有 225 幢，且多用作居住。整体风貌、街巷空间尺度基本保持着民国当年的格局。

那么，就让我们一条路一条路地来梳理。

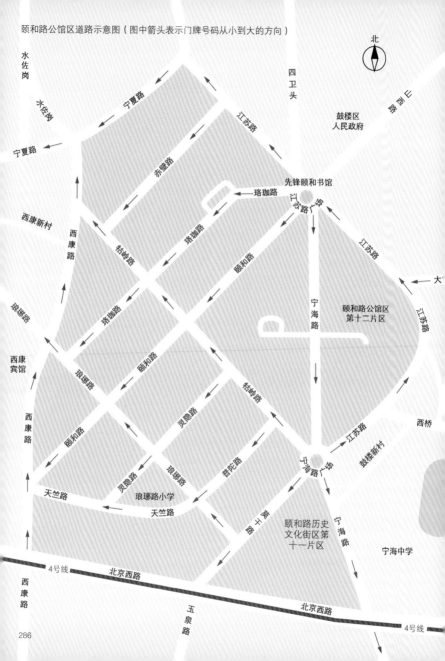

颐和路公馆区道路示意图（图中箭头表示门牌号码从小到大的方向）

北

水佐岗

宁夏路

水佐岗

宁夏路

赤壁路

江苏路

四卫头

鼓楼区
人民政府

珞珈路

先锋颐和书馆

西康新村

西康路

牯岭路

珞珈路

颐和路

珞珈路

江苏路广场

江苏路

大

颐和路公馆区
第十二片区

琅琊路

西康宾馆

西康路

琅琊路

颐和路

珞珈路

颐和路

灵隐路

牯岭路

宁海路

西桥

琅琊路

灵隐路

普陀路

江苏路

鼓楼新村

天竺路

琅琊路小学

天竺路

路 十 褛

宁海路广场

宁海路

颐和路历史
文化街区第
十一片区

宁海中学

4号线

北京西路

西康路

玉泉路

北京西路

4号线

从左页地图上看，颐和路公馆区布局犹如迷宫八卦阵，纵横交错的道路呈方格网和对角线布置，几乎没有正南北、正东西走向的，穿行其间，难免晕头转向。谋划再三，最妥当的还是从最靠江苏路广场的"宁海路1号"讲起，先顺着门牌号一路向南吧。

宁海路为南北走向，北起江苏路广场，南至广州路止，中间与北京西路相交。宁海路两侧的民国建筑，主要是私人公馆。建筑均为花园洋房，围有院墙，现为私宅，多数不对外开放，沿宁海路可欣赏建筑外观。有几处宅院因是多家共居，院门开着，可进院参观，但需低调、保持礼貌。具体来

1937年的颐和路地区图，对比今日之格局，变化不大

说，宁海路沿线的民国建筑，自北向南依次有：

宁海路1号 成济安公馆（第290页）。

宁海路2号 马鸿逵公馆（第291页）。

宁海路3号 程孝刚公馆。程孝刚，铁道机械工程专家，曾任民国交通大学校长。

宁海路4号 邱丙乙公馆。邱丙乙1949年前曾任四川省政府驻京办事处代表，后任四川水泥公司董事长。该院落大门常开。

宁海路5号 马歇尔公馆（第292页）。

宁海路6号 中南银行别墅。基本保持着原有风貌，建筑及院内环境保护均很好。

宁海路11号 蒋锄欧旧居。蒋锄欧时任交通部交通警察总局局长。

宁海路12—2号 张雪中公馆。张雪中，国民党中将。该处位于宁海路12号旁那条支巷里（巷口有块路牌，写着"宁海路18号"）。支巷里还有14号巴西大使馆、16号方东美旧居、20号瑞士公使馆、22号徐梓楠旧居，兜一小圈即可回到宁海路主路。

宁海路13号 康叔文公馆。原主人康叔文是一位海州盐商。抗战胜利后，被最高检察署租用作宿舍。建筑不临宁海路，实际位于颐和路公馆区第十二片区内，现称"颐和馆"。宁海路上无此门牌。

宁海路 14 号 巴西大使馆。巴西是第一个承认中华民国的国家。该处原为武汉大学教授李儒勉于 1933 年所建，1948 年 6 月，巴西首任驻华特命全权大使黎奥白伦柯租赁该处为大使馆用房，1949 年 4 月退租。此处也在"宁海路 18 号"那条支巷里，位于 12—1 号与 16 号之间，没有门牌，门旁有块小牌子，曰"玲玲小寓"。从墙根处的文保铭牌来看，这就是 14 号了。高墙深院，看不到建筑（人家也不想让你看到啊）。

宁海路 15 号 黄仁霖旧居 / 瑞士公使馆（第 294 页）。

宁海路 16 号 方东美旧居。方东美，现代哲学家、诗人，"新儒学"代表人物，一直执教于中央大学。该处也位于"宁海路 18 号"那条支巷里。

宁海路 17 号 刘嘉树公馆（第 295 页）。

宁海路 20 号 瑞士公使馆。原为国民党少将高礼安公馆，1949 年前先后租给瑞士公使馆、联合国儿童基金会使用。该处也在"宁海路 18 号"那条支巷里，位于 18 号与 22 号之间，未挂门牌号。

宁海路 21 号 朱起蛰公馆。朱起蛰曾任国民政府铁道部财务司司长。该处的门牌在"宁海路 18 号"支巷的对面、东侧的支巷里。

宁海路 22 号 徐梓楠旧居。徐梓楠历任国民政府参谋本部军医监、联勤总部军医处处长。该处也位于"宁海路 18 号"那条支巷里。

宁海路 23 号 张慰生公馆。张慰生是国民政府陆军大学教官。

宁海路 25 号 罗恕人公馆。罗恕人曾任国民党旅长。宁海路上无此门牌，其文保铭牌在它东侧的颐和路公馆区第十二片区内。

宁海路 25—1 号 秦建中旧居。秦建中是金陵房地产公司工程师。建筑位于颐和路公馆区第十二片区内，宁海路上无此门牌。

宁海路 26 号 苏州旅京同乡会会所（第 296 页）。

宁海路 27 号 许钟锜旧居。系许钟锜、秦建中等人合资建造，后产权归许钟锜所有。建筑位于颐和路公馆区第十二片区内，现称"深柳堂"，为颐和公馆酒店大堂。宁海路上无此门牌。

宁海路 29 号 黄伯度公馆。黄伯度曾任驻日使馆一等秘书、国民政府社会部常务次长。有两幢，称"A、B 楼"。临宁海路的是 A 楼，现为私宅，不对外开放；B 楼在其东侧，与其隔着一道矮墙，位于颐和路公馆区第十二片区内，现称"藕舫"，对外营业。

宁海路 30 号 卢学溥公馆。卢学溥曾任北洋政府财政部次长、浙江实业银行董事长，一生致力于金融事业，是民国金融界有声望的银行家。卢学溥是著名作家茅盾的表叔，茅盾创作小说《子夜》中"吴荪甫"形象的原型就和卢学溥有关。

宁海路 32 号 徐冶六公馆（第 297 页）。

宁海路 33 号 陈懋（mào）咸公馆。陈懋咸是晚清名臣陈宝琛的侄子，民国法学家，曾任国民政府最高法院庭长。

宁海路 34 号 魏炳西公馆（第 298 页）。

宁海路 35 号 李本一公馆。李本一为国民党中将。

宁海路 38 号 胡熙伯公馆（第 299 页）。

宁海路 42 号 张监别墅。张监曾任国民政府最高法院庭长。

宁海路 44 号 钟洪声公馆。钟洪声曾任汪伪"最高法院"庭长、"最高检察署"检察长。

宁海路 46 号 ~ 52 号现已修缮打造成"颐和路历史文化街区第十一片区"，片区内集合了 5 幢风格统一的民国建筑，分别是：

宁海路 46 号 孙育才公馆。孙育才早年从事文化教育，后担任伪职，任江苏清乡事务局长、江苏建设厅长，抗战胜利后被揭发。其主楼现为 "NORA HAUTE" 品牌婚纱店。

宁海路 48 号 季抱素公馆。季抱素曾任职于国民政府地方高等法院 10 余年。建筑现为"英园"英式下午茶。

宁海路 48—1 号原房产权属季抱素、周定枚两人共有，后卖给陈祖培、李尤龙夫妇。陈祖培，1949 年前在亚细亚火油公司任职。建筑现为"韬园"茶庭私宴。其东南侧是一通道，通道内仍保留一仿石门楼，门头上雕有"退园"二字，门楼两边圆柱刻有雕花。

宁海路 50 号 张郁岚公馆。张郁岚，化学博士，国民政府兵工署发展研究司司长。建筑位于今幼儿园内，在大门口可望见。

宁海路 52 号 吴钦烈公馆。吴钦烈曾任国民政府兵工署理化研究所少将所长、国防部第六厅副厅长。建筑现为 "LOTUS 莲花公馆" 餐吧。

宁海路 54 号 刘楚材公馆。刘楚材曾任陕西省实业厅厅长、立法委员。该处位于宁海中学校门口对面，现为颐和路社区将军馆、宁海路街道海洋国防教育馆，供公众免费参观。

以上建筑位于北京西路以北。

以下建筑位于北京西路以南，不属于颐和路公馆区：

宁海路 62 号 陆新根别墅。该处紧邻宁海路 / 北京西路路口。

宁海路 64 号 霍守义公馆。霍守义曾任国民党第十二军中将军长，1948 年被解放军俘虏。该处位于宁海路 / 天日路路口。

宁海路 66 号 朱神康公馆。朱神康曾任南京工务局科长。该处位于宁海路 / 天目路路口。

宁海路 68 号 余翔麟公馆。余翔麟曾任国民政府邮政总局副局长。

宁海路 122 号 金陵女子大学。现为南京师范大学随园校区，这是一处非常重要的民国建筑群，将在"向西第三条参观路线"内介绍。

整条宁海路，最靠近地铁站之处是宁海路 / 北京西路路口，离那儿最近的地铁出口是 4 号线云南路站 5A 号口、1 号口，距离 350 米。

宁海路1号
成济安公馆

推荐参观指数：★

建于 1934 年，原产权人是成济安、任瘦清夫妇。

成济安（1887—1947），老同盟会会员，国民党中将，曾任南京临时政府宪兵司令。

建于 20 世纪 30 年代初，1949 年初为马鸿逵购得。

马鸿逵（1892—1970），西北军阀"四马"之一，任宁夏省政府主席长达 17 年，集军政大权于一身，人称宁夏的"土皇帝"。

参观指南：该处现空置，大门紧闭，在院外基本看不到主体建筑。

　　原名金城银行别墅，1935 年由著名建筑师童寯设计，具有苏州古典园林风格，建筑外观采用江南园林建筑常用的卷棚歇山式屋顶，围墙上开有漏窗，但平面、结构、材料均采用西式。楼前有宽敞的庭院，院内的小径用红、黑、白三色鹅卵石铺成鹰、狮、白虎和鸟 4 种图案，至今保存完好。1937 年 12 月，日军占领南京后，这里曾是南京安全区国际委员会总部，委员会主席拉贝及全体成员为了保护难民，与日军进行了艰苦顽强的斗争。抗战胜利后，这里成为马歇尔公馆。

　　马歇尔（1880—1959），五星上将，1939—1945 年任美军总参谋长。1945 年 11 月，以杜鲁门总统特使身份来华，1947 年 1 月回国。在出任驻华特使期间，他以"调处"名义参与国共谈判，他居住的宁海路 5 号一度成为国共两党和谈代表频频出入的重要场所。

1937年底，南京安全区国际委员会总部——宁海路5号住满了难民

　　参观指南：现为部队住宅，不对外开放，沿宁海路可欣赏建筑局部外观。

原为富商熊剑云于1936年所建，刘嘉树于1946年购置。其半圆形的门廊、阳台与雕饰精美的罗马柱颇有特色，是拍婚纱照的理想取景地。

刘嘉树，国民党中将，曾三次被共产党军队俘虏。最后一次是1950年2月，他的兵团被解放军打得节节败退，他成了俘虏。1972年，刘嘉树病逝于抚顺战犯管理所。

参观指南： 建筑位于颐和路公馆区第十二片区内，现称"18号楼"。宁海路上无此门牌。

**宁海路17号
刘嘉树公馆**

左页

1936年黄仁霖购地兴建，由著名建筑师赵深设计，西方现代风格，设计考究。1948年4月，瑞士政府与国民政府建交，任命陶伦德为首任驻华特命全权公使，租用此处为公使馆使用，1949年4月退租。

黄仁霖（1901—1983），蒋介石的"后勤总管"，曾任励志社总干事（社长为蒋介石）、新生活运动促进总会总干事、联勤总部中将副司令。1929年元旦集会上，黄仁霖开启了自助餐的先河，很快风靡全国。1934年的"新生活运动"，黄仁霖又向全国推广了一种新的结婚仪式——集体婚礼。第一次集体婚礼在中山东路的励志社礼堂举行，有100多对新人参加，场面颇为壮观。

近来也有研究者指出，该公馆的主人有可能是联勤总部总司令、国防部次长黄镇球，有待考证。

参观指南： 建筑不临宁海路，实际位于颐和路公馆区第十二片区内，现称"艺风堂"，举办民国教育书籍展，开放参观。宁海路上无此门牌。

建于 1937 年前，原南侧二楼顶为平台，东侧一楼顶也为平台，现已被居民各加建了一层。

徐冶六抗战前任国民政府立法院外交委员会科员，抗战期间去世。

参观指南： 现为大杂院，大门开放，可进院参观。

宁海路32号
徐冶六公馆
推荐参观指数：★

左页

系民国政治活动家叶楚伧发起的苏州同乡会集资建造，这里的"京"指民国时的首都南京。现为院内的"1幢"，看似普通的现代居民楼，实建于 1934 年，室内楼梯、门窗还保留着昔日风貌。南面入口旁墙根有块奠基石，上刻"苏州旅京同乡会会所奠基之石 民国二十三年七月 吴县叶楚伧"。

参观指南： 该院落大门开放。

苏州旅京同乡会会所室内楼梯

建于1936年。魏炳西曾任意中商业银行南京银行副理。

建于 1935 年。胡熙伯，清末任李鸿章私人票号总办，民国三年起供职于中国银行。

参观指南：该处临宁海路广场，现为大杂院，大门开放，可进院参观。

顺宁海路行至宁海路广场，便可折向江苏路了。

江苏路南起宁海路广场，北至老菜市止，为先东北、再西北的弧形走向，中间有一弯折。这个弯折与宁海路一同围合成了一个三角地带，即"颐和路公馆区第十二片区"。颐和路公馆区第十二片区（现也称"颐和公馆"）是一个集展览、休闲、住宿、餐饮于一体的高尚风情街区，对公众开放。这里云集了26幢民国别墅，薛岳、陈布雷、黄仁霖、张笃伦、熊斌等名人的旧居都位于此，其中部分被改成了酒店和餐饮休闲配套。片区沿江苏路开有2号门~4号门，都可进入，其中位于江苏路3号的4号门为主入口。

具体说来，江苏路沿线的民国建筑，自宁海路广场起依次有：

江苏路1号 谭道平公馆。谭道平曾任国防部参谋总长办公室少将主任。该处院落开放。

江苏路2号 陈进民公馆。陈进民，国民党第八十一师师长，抗日战争中阵亡。

江苏路3号 邓寿荃旧居。邓寿荃历任湖南省财政厅厅长、建设厅厅长，国民政府监察院参事。建筑位于颐和路公馆区第十二片区4号门内左手，现称"1号楼"，举办瓷本中国画展，开放参观。

江苏路5号 杨莘臣旧居。为杨莘臣任平汉铁路局副局长、总工程师时所建。建筑位于颐和路公馆区第十二片区4号门内右手，现称"2号楼"，举办南京民国建筑彩铅画展，开放参观。

江苏路7号 翁存斋公馆。翁存斋1949年前任浦口电厂工程师、民国救济总署工程师。建筑位于颐和路公馆区第十二片区内，现称"3号楼"。

江苏路9号 汪鹏公馆。汪鹏留学美国，归国后任上海淞沪警备司令部副官、戴笠外文秘书。太平洋战争爆发后投降日寇，在日特丁默邨手下当特务。1949年后拒不登记交代，被判处死刑，该处房产由人民政府没收。建筑位于颐和路公馆区第十二片区内，现称"5号楼"。

江苏路11号 吴兆棠公馆。吴兆棠时任教育部中等教育司司长。建筑位于颐和路公馆区第十二片区内，现称"6号楼"。

江苏路13号 袁守谦公馆。袁守谦时任国民党中将。建筑位于颐和路公馆区第十二片区内，现称"7号楼"，举办民国服饰展，开放参观。

江苏路15号 陈布雷寓所（第302页）。

江苏路17号 李子敬公馆。李子敬时任陆军总司令部总务处少将处长。建筑位于颐和路公馆区第十二片区内，现称"17号楼"，举办民国陈设展，开放参观。

江苏路19号 杨公达旧居。杨公达曾任国民党中央党部秘书、立法委员。建筑位于颐和路公馆区第十二片区内，现称"16号楼"，毗邻上述"17号楼"。与"17号楼"建筑样式相似，区别之处只是门廊处少了一根立柱。

江苏路20号 新住宅区第一区养气化粪厂。1936年，南京特别市政府对颐和路、江苏路一带公馆住宅和外国使馆的生活污水进行处理，在该处建成养气化粪厂（即污水处理厂），下水道为雨水和污水设置了不同的管道——那时候就"雨污分流"了。旧址现已变身为"颐和路数字展示馆"，开放参观。

江苏路 21 号 朱石仙公馆。是朱石仙用已故丈夫——学者赵霞荪生前 40 年教书遗款购置的。建筑位于颐和路公馆区第十二片区内，现称"15 号楼"。

江苏路 31 号 光宣甫公馆。光宣甫早年留学日本，教育家，学者。建筑位于颐和路公馆区第十二片区内，现称"适之楼"。

江苏路 33 号 张笃伦旧居。张笃伦早年入同盟会，先后参加辛亥革命、护法战争、北伐战争，抗战胜利后历任重庆市市长、湖北省政府主席等职。建筑位于颐和路公馆区第十二片区内，现称"桐影楼"，举办民国昆曲资料展，开放参观。片区的民国主题文化展馆游客接待中心也设于此，可在此购买参观联票。

江苏路 35 号 蓝宗德公馆。原主人蓝宗德做过汪伪财政部科长、卫生部总务处处长。不过，这处房子是他未入职前，与老丈人共同出资买地兴建的。建筑位于颐和路公馆区第十二片区内，现称"20 号楼"。

江苏路 39 号 南京特别市第六区区公所（第 308 页）。位于江苏路广场中心，平面呈半圆形，高四层，建于 1937 年前，外观为现代建筑造型。日军侵占南京期间，曾作为侵华日军宪兵司令部。现在一楼是先锋颐和书馆，其圆弧形的落地窗更易引领书迷与墙外的民国建筑融为一体。坐在里面可以点一杯咖啡，看书、查资料，抬头就可以看到街景，挺有小资情调。路人也可以透过落地窗看到里面的排排书架，文化气息浓郁。

在该处以北不远，可顺便参观：

再回到江苏路，可继续参观：

江苏路 71 号 李崇诗公馆。李崇诗为军统少将，曾任军统局上海站站长。该处位于江苏路 / 赤壁路路口，院落大门开放。

江苏路 73 号 中国银行宿舍。这是江苏路上与"25 号"同样难能可贵的，还有花园、葆有老模样的昔日民国公馆。

江苏路最靠近地铁站之处是其南端的宁海路广场，离那儿最近的地铁出口是 4 号线云南路站 5A 号口、1 号口，距离 600 米。

建于 1936 年。薛岳（1896—1998）曾任贵州省政府主席，陆军一级上将，指挥了 3 次长沙会战对抗日军，有"战神"之称。

参观指南：建筑位于颐和路公馆区第十二片区内，现称"12 号楼"，修缮后成为薛岳抗战陈列馆，陈列着薛岳英勇杀敌的各种史料，有薛岳亲笔的书法作品，以及抗日勋章、军盔、军号、家书等，开放参观。

左页

建于 1936 年，抗战后，陈布雷一家居住于此，1948 年 11 月 13 日陈布雷在此自杀。

陈布雷（1890—1948）曾任国民党中央秘书长、总统府国策顾问，是蒋介石的"御用"笔杆子，长期为蒋介石草拟文件，被称为"领袖文胆"。

参观指南：建筑位于颐和路公馆区第十二片区内，现称"8 号楼"。

　　建于 1934 年。熊斌（1894—1964）曾任北洋政府陆军部次长、陕西省政府主席、北平市市长。

　　参观指南： 建筑位于颐和路公馆区第十二片区内，现称"梦桐墅"，举办民国饮食文化展，开放参观。

左页

　　吴光杰（1886—1970）早年参加武昌起义，曾任黄兴副官。1912 年赴德国深造，后任南京中央军校高级教官，终生从事军事教育。

　　吴光杰一战时期任中国驻德国使馆武官。他把在德国居住的使馆建筑图纸带了回来，让人按照驻德使馆的样式，"复制"了这幢公馆。公馆建于 1935 年，虽然历经 80 余年风雨，但小楼的门窗仍然完好，楼内的格局、结构依旧，坚实的木地板和镂空铸铁栏杆仍然显示着主人的典雅。

　　参观指南： 该处位于颐和路公馆区第十二片区内，大门朝江苏路。现已打造成"红公馆艺文空间"，主打餐饮文化和复古生活美学服务，一般不对参观者开放。不过院墙不高，隔着院墙可欣赏建筑外观。

建于 1937 年。建筑位于颐和路公馆区
第十二片区内，毗邻前页的"梦桐墅"。

　　据称该处20世纪40年代曾为日本《朝日新闻》驻华通讯处。建筑位于今"书人文化教育产业园"大门内左手，大院开放。两层小楼，一楼和二楼中间各有3个圆拱门洞，立面美观，可惜外墙现已被粉刷成橘红色。

江苏路39号
南京特别市第六区区公所

推荐参观指数 ★★★

参观指南：颐和先锋书馆室内允许拍照。

山西路124号
管理中英庚款董事会

推荐参观指数：★★

　　安排在这里，是因它与前页的江苏路39号先锋颐和书馆近在咫尺，从书店北望就能看见。

　　在山西路124号的鼓楼区政府大院里，临街有一处与英国庚子退款有关的遗存，即管理中英庚款董事会办公楼。管理中英庚款董事会是负责保管、支配和监督使用英国退回庚子赔款的专门机构，成立于1931年，隶属国民政府行政院。其办公楼建于1934年，由著名建筑师杨廷宝设计，高两层，中国传统宫殿样式，庑殿褐色琉璃瓦顶，出檐深远，檐口简化，檐下梁枋施以彩画，古色古香。外墙贴棕色面砖，入口门套西式，雕饰精美。建筑几经修缮，基本保持原貌。

　　参观指南：由于是政府大院，门卫可能不让进。好在没有实体围墙，在院外仍能一睹建筑的风采。

从江苏路一路走来，我们又回到了江苏路广场，现在该去看看文艺青年们钟爱的颐和路了。

"一条颐和路，半部民国史"，说的就是这条路，它是颐和路公馆区的中轴。颐和路不长，不足 1 千米。路两旁的行道树高大茂密、枝干虬曲，形成一条绿色长廊。一幢幢西式小洋楼掩映在浓荫高墙之中，门扉紧闭，保持着宁静的住宅区气氛。

颐和路为东北—西南走向，东北起自江苏路广场，西南至西康路止，中间与琅琊路、牯岭路相交。颐和路两侧的民国建筑，主要是私人公馆和外国使馆。建筑均为花园洋房，围有院墙，现为私宅，不对外开放，沿颐和路可欣赏建筑外观。因不是正南正北走向，只能说从江苏路广场出发，沿途的民国建筑依次有：

颐和路 2 号 泽存书库（第 314 页）。

颐和路 3 号 李敬思公馆。李敬思抗战前为中国银行职员、津浦铁路局会计。

颐和路 4 号 常宗会公馆。常宗会，著名农业专家，曾在中央大学任教。

颐和路 5 号 何轶民公馆。何轶民曾任国民政府财政部国库司司长。

颐和路 6 号 陈布雷公馆。系国民政府实业部农业司司长徐廷瑚置建，陈布雷租住，只住了一年，因抗战全面爆发举家迁往重庆。可惜由院外看不见主体建筑。

颐和路 7 号 张仲鲁公馆。张仲鲁曾任河南大学校长、河南省建设厅厅长。

颐和路 8 号 阎锡山公馆（第 316 页）。

颐和路 9 号 李起化旧居。李起化抗战前开营造厂、糖果店，抗战中期任伪南京工务局建设股主任，战后仍开营造厂。其自建公馆无论设计施工还是用料占地都揽尽优势，建筑造型灵巧别致，坡顶交错组合，富有美感，在颐和路上十分亮眼。

颐和路 10 号 汪叔梅公馆。汪叔梅抗战前任中国银行南京分行副经理，后任汪伪中央储备银行董事长。

颐和路 11 号 英国大使馆空军武官处（第 318 页）。

颐和路 12 号 马承慧公馆。马承慧 1949 年前任上海铁路局工程师。现为大杂院，院门有时开放。

颐和路 13 号 林彬公馆。林彬，法学专家，曾任高等法院庭长、最高法院审判官等职。

颐和路 14 号 任仲琅旧居。任仲琅，抗战前做百货、药材及股票生意，抗战后在上海与友人合资开设裕康五金制造厂。现为居民大院，对外开放。

颐和路 15 号 菲律宾公使馆（第 319 页）。

颐和路 17 号 杜佐周公馆。杜佐周曾任武汉大学文学院院长、暨南大学秘书长、英士大学校长。

颐和路 18 号 邹鲁公馆。邹鲁，民国时期著名政治家。该处是邹鲁 20 世纪 30 年代任国民政府常务委员时的官邸。

颐和路 19 号 蒋梦麟公馆。蒋梦麟曾任国民政府第一任教育部部长，也是北京大学历史上任职时间最长的校长。抗战胜利后，时任行政院秘书长的蒋梦麟在此居住。该处大门旁有一小牌子，曰"悠墨书画院"，院门经常开放。

颐和路 20 号 陈庆云公馆。陈庆云，空军少将，曾任中央航空学校校长，抗战全面爆发后任国民党海外部部长。

颐和路 21 号 蒋范吾公馆。蒋范吾于 1947 年将该房产卖予美国政府。又据档案记载，汪伪特工总部南京区就设于"颐和路 21 号"。是否就是该处，尚无定论。

颐和路 22 号 汪文玑公馆（第 320 页）。

颐和路 23 号 吴润公馆（第 321 页）。

颐和路 24 号 廖行端公馆 / 英国大使馆。廖行端，陆军中将，1949 年 12 月在昆明参加起义。该处于 1948 年 10 月至 1950 年 1 月由英国大使馆租用。

颐和路 25 号 赵玉麟公馆。赵玉麟身份不详。

颐和路 26 号 李伯庚旧居。李伯庚，纳西族，国民党陆军中将，炮兵专家。

颐和路 28 号 钱华别墅 / 美国大使馆（第 322 页）。

颐和路 29 号 苏联大使馆（第 323 页）。

颐和路 30 号 耿季和公馆（第 324 页）。

颐和路 32 号 澳大利亚大使馆。为国民政府首都警察厅厅长韩文焕于 1937 年建造，1948 年 2 月，澳大利亚首任驻华特命全权大使欧辅时来宁履任，租用该处为使馆馆址，1950 年 2 月退租。建筑地处街角，转到另一侧的琅琊路上，可欣赏建筑侧面外观。其背后相邻的"琅琊路 14 号"亦为澳大利亚大使馆旧址。

颐和路 33 号 裴逸青公馆。裴逸青是民国西北艺专教授。

颐和路 34 号 顾祝同公馆。顾祝同，国民党陆军一级上将，曾任第三战区司令长官、陆军总司令、国防部参谋总长。该处院广宅大，树木如林，在院外难以看到建筑。

颐和路 35 号 墨西哥大使馆。原产权人为婉清。1949 年前曾租给墨西哥驻华大使馆作办公用。现经修缮，变身为中国以色列（南京）科技文化交流中心，可预约参观。

颐和路 36 号 张春公馆。张春身份不详。

颐和路 37 号 郑天锡公馆。郑天锡，我国在英国获得法学博士学位的第一人，曾任国际联盟国际常设法庭法官、国民政府司法行政部次长、驻英大使。

颐和路 38 号 汪精卫公馆（第 326 页）。

颐和路 39 号 俞济时公馆。俞济时曾任集团军总司令、总统府第三局中将局长、国民党总裁办公室主任兼侍卫长，其间随蒋介石出席开罗会议。该处位于颐和路 / 天竺路汇聚夹角处，门牌在天竺路上。

颐和路离地铁站并不算近，最靠近地铁之处是其西南端的颐和路 / 西康路路口，离那儿最近的地铁出口是 4 号线南艺·二师·草场门站 2 号口，距离 800 米。

泽存书库立面

　　这是一幢不等边多边形、环形封闭的三层楼，建于 1942 年，本是汪伪时期大汉奸陈群的私人藏书楼，曾收藏新旧图书 40 余万册。"泽存"两字，取《礼记》中"父殁而不能读父之书，手泽存焉尔"之意。1945 年 8 月，陈群畏罪自杀，其在遗嘱中申明泽存书库藏书全部归还国家。1949 年前为中央图书馆善本部。1949 年后，曾为江苏省作家协会用房。

　　参观指南：该处经修缮改造，现为江苏省省级机关医院（江苏省老年病医院）健康管理中心。在江苏路广场可欣赏建筑立面外观。

　　建于 1936 年，由著名建筑师陆谦受设计。其最初的主人是中国银行南京分行副经理（后任汪伪中央储备银行董事长）汪叔梅，后汪叔梅将其赠送给汪精卫，成为汪精卫公馆。这里还曾被伪满洲国"大使馆"占用。抗战胜利后，该处作为逆产被国民政府没收，成为励志社的高级招待所，美国驻华军事顾问团团长麦克鲁曾在此居住。1949 年 4 月 14 日，李宗仁将其拨给阎锡山居住，阎仅住了 8 天，就于 4 月 22 日解放军渡江的隆隆炮声中仓皇飞离了南京。

　　阎锡山（1883—1960），陆军一级上将，曾任山西省政府主席、内政部部长、陆海空军副总司令、国防部部长等职。

　　该处院落占地很大，建筑中西结合，中国宫殿式大屋顶，翘角的屋檐，圆形的大露台，墙体色彩明快亮丽。

　　参观指南：现为部队老干部活动中心，闲人免入，沿颐和路可欣赏建筑局部外观。

颐和路11号
英国大使馆空军武官处
推荐参观指数

318

建于 1935 年，原是国民政府青岛市工务局局长、南京市社会局局长、天津开滦矿务总局经理王崇植的私宅。1948 年 4 月，菲律宾政府任命谢伯襄（Sebastian）为首任驻华特命全权公使，租用该处为公使馆，1949 年 9 月退租。

该建筑的特色是其一侧带圆柱体的外立面，看上去犹如一座古堡的模样。

参观指南：现为私宅，不对外开放，在院外可欣赏建筑局部外观。

该处位于颐和路 / 牯岭路交会口，而路口的街心花园是民国时就规划的，至今仍是附近居民休憩晨练的好去处。

颐和路15号
菲律宾公使馆

左页

由著名画家、建筑师刘既漂于 1936 年购地自建。刘既漂希图把美术嫁接到建筑中，提出了"美术建筑"的观点。他提倡由几何形体构成的抽象组合，体现出简洁、轻快的建筑外部特征。该建筑也实践了他的思想，设计得精巧细致。现存主楼、平房各 1 幢，西方现代风格。主楼三层，外墙水泥黄砖相间，与平房之间以走廊兼露台相连。平房圆形，原为小舞厅，房顶筑有一独柱圆篷。1946 年，刘既漂将房屋租赁给英国大使馆空军武官处使用。

参观指南：现为私宅，不对外开放，在院外可欣赏建筑局部外观。

颐和路22号
汪文玘公馆

推荐参观指数：★

建于 1936 年，原产权人是吴润。抗战胜利后为浦口永利铔厂在南京设的办事处，厂长李承干居住于此。现为中国石化集团南京化学工业有限公司所有。建筑米黄色外墙，拱形窗框，带有一些西班牙风格元素。

颐和路23号
吴润公馆

推荐参观指数：★

左页

建于 1936 年。汪文玑，民国有名的学者、律师，历任铁道部参事、交通部参事、国际交通审查委员会委员、国民政府军事委员会秘书等职。著有《违警罚法释义》《陆军刑事条例释义》，后者曾获国民政府陆军部嘉奖。

1948 年 10 月，该处房屋租予苏联大使馆，租期 3 年，但 1949 年 10 月，苏联大使馆迁去北京。

参观指南：现为私宅，不对外开放，在院外可欣赏建筑局部外观。

颐和路29号
苏联大使馆

　　此处原为国民党空军总司令周至柔的夫人王青莲于1937年前购地兴建。1948年6月，罗申来华继任苏联驻华特命全权大使，租用该处为使馆用房。1950年10月退租。

　　建筑红瓦白墙，墙壁上爬满爬山虎，至今保存完好。

　　参观指南：现为私宅，不对外开放，在院外可欣赏建筑局部外观。

左页

　　建于1937年前。钱昌祚，中国近代著名航空工程师，曾任中国航空工程学会会长、航空机械学校校长、航空委员会技术厅副厅长等职，是民国时期中国航空工业的重要奠定人。钱昌祚还曾做过钱学森的导师。该公馆于1948年7月由中央信托局转卖给美国大使馆使用。

　　参观指南：现为私宅，不对外开放，在院外几乎看不到建筑。

颐和路30号
耿季和公馆
推荐参观指数：★

建于 1934 年，建筑正面为突出半圆柱形，开拱形窗。室内壁炉及木质楼梯依旧。

耿季和毕业于北京交通大学，后去英国马可尼无线电公司实习，回国后任东北三省国际电台台长、交通部电政司帮办，后任北京鑫昌矿业公司总经理，1949 年去世，该房产由其子耿锜继承。现耿家后人仍居于此。

参观指南：该处不对外开放，在院外最多也只能望见一点建筑局部。上图是该建筑内景。

颐和路38号
汪精卫公馆

推荐参观指数：★★

参观指南： 现为高干住宅，不对外开放，越过铁门上方，可窥见院内那幢灰白色小楼。

顺颐和路走到头，就是颐和路／西康路／天竺路三条路的交会口。以下的参观路线，因格局走向有点乱，真不太容易串连了。既然颐和路公馆区的每条路，本书都予介绍，那就大致按方位由东南向西北来讲吧：莫干路→普陀路→灵隐路→天竺路→琅琊路→牯岭路→珞珈路→赤壁路→西康路→宁夏路。大家可对照第286页的地图，逐一寻访。

这一带的民国建筑，主要是私人公馆和外国使馆。建筑大都为花园洋房，围有院墙，现为私宅，多数不对外开放，在院外可欣赏建筑局部外观。有些宅院因是多家共居，院门开着，可进院参观。

先说说莫干路，莫干路起自宁海路广场，沿线的民国建筑有：

莫干路1号 张帆公馆。张帆曾在国民政府卫生院任少校军医，日寇进攻南京时殉难。

莫干路2号 陈紫枫公馆。陈紫枫，国民党元老，护法运动中曾任护法皖军司令，国民党中央党史史料编纂委员会编纂，立法委员。建筑与院落现已修缮完毕，变身为定制婚纱店，想就需预约。

莫干路3号 高一涵公馆。高一涵，新文化运动的主力之一，在《新青年》上发表了大量作品。历任大学教授、国民政府监察院监察委员。

莫干路4号 张耀五公馆。张耀五曾任镇江邮务局局长，1936年病故，产权由其子继承。

莫干路5号、7号 汪子长公馆。汪子长曾任国民政府行政院秘书、外交部职员。

莫干路6号 范汉杰公馆（第328页）。

莫干路8号 宁雨天公馆。宁雨天经营"宁蔚记"糖纸号，1949年亡故。

莫干路9号 刘家驹公馆。刘家驹曾任国民政府外交部欧美司司长。

莫干路10号 陆殿扬公馆。陆殿扬，著名翻译家，1949年前历任南京高等师范学校、东南大学、浙江大学教授。

莫干路11—1号 曾仰丰公馆。曾仰丰曾任国民政府财政部盐政局局长。

莫干路14号 程中行公馆。程中行曾任多所大学教授，中央日报社首任社长。

莫干路15号 陈逸凡公馆。陈逸凡曾在多所大学任教授、校长，国民政府立法委员。

莫干路17—19号 汪荣宝公馆。汪荣宝，北洋政府时期外交官，曾任驻日本、瑞士、法国、比利时公使。

左页

原为大汉奸褚民谊于1936年所建，设施齐全，装修华丽。褚民谊与汪精卫关系甚密，为了报答汪的知遇之恩，于1940年将这座公馆献给汪精卫以表忠心。该处既是汪氏夫妇的居所，又是汉奸们的巢穴。周佛海、梅思平等汉奸经常出入汪公馆，日本大小头目也频频来此拜会汪精卫。抗战胜利后，汪公馆作为"逆产"由国民政府接收。因其离西康路的美国大使馆和北京西路的美国军事顾问团公寓很近，被改作美国军官俱乐部。

莫干路6号
范汉杰公馆

普陀路沿线的民国建筑有：

普陀路 1 号 温毓庆公馆。温毓庆曾任国民政府交通部电政司司长、军事委员会密电检译所所长，领导检译所多次破译日军情报，为抗战作出了贡献。

普陀路 2 号 华振麟公馆。华振麟，中将，先后任国民政府军事委员会军训部通信兵监、国防部民用工程司司长。

普陀路 4 号 邢契莘公馆。邢契莘曾任青岛市工务局局长、国民政府航空委员会机械处处长。

普陀路 5 号 顾凤怡公馆。原系顾其仁以其妻顾凤怡之名登记产权，1949 年前顾毓璪（quán）住用。顾毓璪，文理大师顾毓琇的弟弟，中国纺织机械制造专家。

普陀路 6 号 陈印士公馆。陈印士，1949 年前为教师。该处未挂门牌号。

普陀路 8 号 王伯群公馆。王伯群，同盟会先驱，参与制定《中华民国临时约法》，在上海创办大夏大学（今华东师范大学）。

普陀路 9 号 曾琦公馆。曾琦，民国时期政治家，曾与李大钊等人发起成立少年中国学会，中国青年党的创始人。原产权人谭玉田，无线电专家，曾于 1936 年 7 月在南京玄武湖公开表演无线电遥控船模型。

普陀路 10 号 陈诚公馆（第 330 页）。

普陀路 11 号、13 号 汪杨宝公馆。汪杨宝曾任驻日本横滨总领事，后在中央大学任日语教授。

普陀路 15 号 蒋纬国公馆（第 331 页）。

左页

建于 1937 年前。范汉杰（1896—1976），国民党陆军中将，黄埔一期生中最早任师长，曾任东北"剿总"副司令，辽沈战役中被解放军俘虏，1960 年获特赦。

参观指南：现为私宅，不对外开放。临街一面高墙，看不到建筑。

普陀路10号
陈诚公馆
推荐参观指数：★

该处位于普陀路与琅玡路的交会处，建于1937年前，系蒋纬国购买的住宅。

蒋纬国（1916—1997），蒋介石次子，曾任战车第一团团长、装甲兵司令等职。

1993年，蒋纬国给南京市秦淮区副区长写了一封信，对寓所保存完好表示感动，并表达了希望能回南京昔日寓所小住的意愿。

参观指南：现为私宅，不对外开放，在院外可欣赏建筑局部外观。

普陀路15号
蒋纬国公馆
推荐参观指数 ★★

左页

陈诚（1898—1965），字辞修，国民党陆军一级上将，历任军政部次长、战区司令长官、远征军司令长官、军政部部长、参谋本部参谋总长等职。这幢位于幽静小道上的洋楼，以"陈辞修"之名购建于1937年以前。院深宅大，竹木扶疏，清幽宜人。1948年6月，陈诚偕夫人前往上海治疗胃病，离开了这幢小洋楼，由其弟陈正修居住。现为部队住用，仍完好如初。

参观指南：该处不对外开放，在院外也看不到建筑。因拍摄视角受限制，大家能有这么一幅照片看看，也就不错啦。

灵隐路沿线的民国建筑有：

灵隐路 2 号 曹仲韶公馆（第 333 页）。

灵隐路 3 号 朱善培公馆。朱善培曾任国民政府军政部交通司科长。

灵隐路 4 号 陈正修公馆。陈正修，陈诚的二弟，国民政府立法委员。

灵隐路 5 号 徐怀永旧居。徐怀永曾任国民政府交通部电信总局技术员。

灵隐路 6 号 李文范公馆。李文范曾任国民政府立法院秘书长、司法院副院长。

灵隐路 7 号 徐华珍公馆。徐华珍 1941 年 12 月在昆明死于敌机轰炸。

灵隐路 8 号 温应星公馆。温应星是第一位从美国西点军校毕业的中国留学生，其同届同学中有著名的巴顿将军。曾任国民政府宪兵副司令，中将。

灵隐路 9 号 宋希尚公馆 / 印度大使馆（第 334 页）。

灵隐路 10 号 王翰时公馆。王翰时，1949 年前任淮南煤矿华东建筑工程公司工程师。该处位于 9 号的对面，院落较大，树木葱茏，大门有时开放。

灵隐路 11 号 陈剑脩（xiāo）公馆。陈剑脩曾任多所大学教授、广西大学校长。抗战胜利后，陈将该处卖给美国大使馆。

灵隐路 13 号亦为陈剑脩公馆。

灵隐路 15 号 陈舜耕公馆。陈舜耕曾任国民政府航空委员会人事处处长、交通部总务司司长。

灵隐路 22 号 张福堂公馆。张福堂，1949 年前任铁路局工务局工程师。

灵隐路 24 号 甘乃光旧居。甘乃光曾任国民政府广州市市长、行政院秘书长、驻澳大利亚大使。

灵隐路 26 号 叶德明公馆。叶德明曾任国民政府外交部美洲司司长，1956 年移居美国，经营实业，极力促进中美友好交往，1976 年后多次返乡、多次捐赠，受到家乡人民的热烈欢迎。

右页

建于 1937 年前。曹仲韶为国民政府最高法院民事庭长。

参观指南：现为私宅，不对外开放，在院外可欣赏建筑局部外观。

灵隐路9号
宋希尚公馆/印度大使馆

推荐参观指数：★

天竺路以浙江杭州西湖西天竺山命名，"天竺"指古代印度。天竺路沿线的民国建筑有：

天竺路 2 号 萧孝嵘公馆。萧孝嵘，中央大学心理学教授，第一个将格式塔心理学介绍到中国的先驱。继住者是南京师范大学中文系的创建者孙望先生。现为南京师范大学教职工住宅，院落大门开放。

天竺路 3 号 加拿大大使馆。该处为国民政府行政院副秘书长梁颖文于 1937 年所建，占地很大，庭院内有大小两座花园及草坪、树木、小池塘等，环境优美。1947 年 5 月，加拿大首任驻华特命全权大使戴维斯抵宁赴任，租赁该处为大使馆馆址，1949 年 9 月退租。又，加拿大传教士明义士在河南安阳收购的数万片甲骨，有一部分在抗战时期存放于此，1951 年入藏南京博物院。该处现为部队住用，在院外看不到主体建筑。

天竺路 4 号 戴居正公馆。戴居正，1949 年前任中央大学教授和交通部公路总局技正（即总工程师），土木工程学家。

天竺路 5 号 田载龙公馆。田载龙，国民党中将，1947 年 4 月曾率 600 余将官（许多是不受蒋重用的）哭中山陵，一时成为南京政府重要新闻。

天竺路 15 号 墨西哥大使馆（第 336 页）。

天竺路 17 号 郑烈公馆。郑烈是辛亥革命元老，我国杰出戏剧家曹禺第一位夫人郑秀的父亲，曾任国民政府最高法院检查署检察长 20 余年。该处现为卫生所，院门有时开着，允许进入。

天竺路 19 号 薛典曾公馆。薛典曾是汪伪教育部次长。该处院门常开。

天竺路 21 号 胡小石旧居（第 337 页）。

天竺路 25 号 罗马教廷公使馆（第 338 页）。

左页

建于 1937 年，产权人为宋希尚。1949 年前曾一度租给印度驻华大使馆使用，至 1950 年 5 月印度大使馆迁去北京。

宋希尚（1896—1982），民国著名的水利专家，是我国第一个提出开发三峡计划的人。

参观指南：现为私宅，院落大门开放，可进院参观。

天竺路15号
墨西哥大使馆

推荐参观指数：★

建于1934年前，原产权人谢奋程曾任国民政府交通部参事，1941年太平洋战争爆发后，在香港遭日军刺杀殉职。1951年后，国学大师、著名书法家胡小石居住于此。

旧居又名"蜩（tiáo）庐"，主楼两层，西班牙风格，从红陶筒瓦到手抹灰墙，从弧形装饰到铁艺栏杆，细节充满艺术感。每年四五月份，黄色拉毛外墙映衬着盛开的粉红蔷薇花，特别有文艺范儿。整个院落及建筑保护得很好，现已由胡氏后人售予某企业家。

参观指南：该处不对外开放，在院外可欣赏建筑局部外观。

天竺路21号
胡小石旧居

推荐参观指数：★★

左页

该处为国民政府外交部职员王昌炽于1937年所建，楼前花木繁茂，环境幽雅舒适。1947年8月，墨西哥政府任命艾吉兰为首任驻华特命全权大使，租用该处为大使馆馆址，1950年退租。

参观指南：现为私宅，不对外开放，沿天竺路可欣赏建筑北面局部外观。旁边的天竺路17号院门有时开着，可进院子，欣赏建筑的西面外观（如左图）。

　　这里看不出有什么宗教色彩，它却是当年罗马教廷（即梵蒂冈的政府机构）的驻华公使馆。

　　二战结束后，随着西方教会势力在中国的发展，罗马教廷也开始酝酿向中国派驻使节。1946 年 7 月，罗马教廷庇护十二世下谕，在华设立公使馆，任命摩纳哥人黎培里总主教为驻华第一任教廷公使，于该年底到南京就任，租用该处土地，建起 2 幢意大利式两层楼馆舍。1946 年 12 月开馆，1951 年 9 月罗马教廷公使馆闭馆撤离。

　　参观指南：院门有时开放，开放时允许进入，但有时候主人嫌来访参观者太多，也会关门谢客，故需保持谦逊和礼貌。

　　与其一墙之隔的"西康路 44 号"院内还有一幢两层楼房，建筑风貌与"天竺路 25 号"相同，亦为罗马教廷公使馆旧址。这两处本属一个大院，后被隔开。

琅琊路沿线的民国建筑有：

琅琊路 1 号 陈昌祖公馆。陈昌祖，汪伪中央大学校长，汪伪时期印铸局局长。

琅琊路 2 号 温应星公馆。温应星是第一位从美国西点军校毕业的中国留学生，其同届同学中有著名的巴顿将军。曾任国民政府宪兵副司令，中将。

琅琊路 3 号 梁颖文公馆。梁颖文是五四运动中带头冲进曹汝霖官邸，火烧赵家楼而被捕的北大学生之一。曾任蒋介石秘书、国民政府行政院副秘书长。

琅琊路 5 号 孔庆宗公馆。孔庆宗曾任国民政府蒙藏委员会驻藏办事处处长。1946 年抗战结束后，孔子第七十七代嫡孙、末代衍圣公孔德成一度迁往南京，曾租住于此。

琅琊路 6 号 钱用和旧居。钱用和曾任宋美龄私人秘书及国民革命军遗族学校校董。

琅琊路 7 号 琅琊路小学。始建于 1934 年，校园内的标志性建筑"小白楼"，位于灵隐路 / 天竺路夹角处、灵隐路校门内右手，白墙红瓦大坡顶，现为校长室。

琅琊路 8 号 邵力子公馆。原产权人是南京高等师范学校蚕桑系教授、创办镇江蚕种制造场的葛敬忠。抗战胜利后，国民党元老、著名爱国"和平老人"邵力子曾居于此。

琅琊路 9 号 周至柔公馆。周至柔，空军一级上将，曾任国民党空军总司令。

琅琊路 10 号 李梅侣公馆。李梅侣，国民政府交通部职员。其夫华乾吉曾任实业部中央工业试验所所长。

琅琊路 11 号 王承志公馆。该建筑王承志自住一半，另一半租给国民政府资源委员会。

琅琊路 12 号 刘华翰旧居。刘华翰，留美念神学院，后任国民政府外交部国际联欢社经理。现为居民大院，院门开放。

琅琊路 13 号 杭立武公馆。杭立武曾任国民政府教育部部长。

琅琊路 14 号 韩文焕公馆 / 澳大利亚大使馆（第 341 页）。

琅琊路 15 号 戴自牧公馆。戴自牧曾任上海金城银行协理。该处也是翁文灏 1948 年任国民政府行政院长时的私邸。

琅琊路 16 号 戴端莆公馆。戴端莆曾为国民党中将，1934 年辞职回乡，任安徽省无为县县长。其主楼门廊红色水磨石地坪，嵌有"仙鹤展翅、鹿衔灵芝、玉树盆景、瓶上三戟"等传统吉祥图案，窗棂有卍字纹铁护栏，均为原貌，值得一观。

右页

建于 1937 年，其正面的半圆形露台造型独特。

韩文焕（1906—1986），国民党中将，曾任首都警察厅厅长。1949 年前，该处曾出租给澳大利亚驻华大使馆使用至 20 世纪 50 年代初。

参观指南：现为私宅，不对外开放，在院外可欣赏建筑上半部外观。与其相邻的"颐和路 32 号"亦为澳大利亚大使馆旧址。

牯岭路也起自宁海路圆盘，它以江西庐山著名的山峰牯岭命名。牯岭路沿线的民国建筑有：

牯岭路 2 号 李书田旧居。李书田，水利学家，历任多所学院院长。

牯岭路 4 号 潘志高旧居。潘志高是协和医院医生。

牯岭路 6 号 冷杰生公馆。冷杰生曾任国民政府蒙藏委员会委员。

牯岭路 8 号 杨致殊公馆。杨致殊曾任国民政府司法院秘书。其夫为近代著名报人成舍我，两人于 1932 年离异。1947 年，杨将该处租给励志社使用。

牯岭路 9 号 李益五公馆。李益五曾任国民政府军需局会计副官。该处的大门位于牯岭路 / 颐和路交会处的小公园一角。

牯岭路 10 号 胡琏公馆（第 343 页）。

牯岭路 11 号 王仲武公馆。王仲武，统计学家，曾任中央大学教授、中国统计学社社长、国民政府交通部统计长。该处院门开放。

牯岭路 14 号 孔大充公馆。孔大充曾任江苏省东海县县长、东吴大学商学院教授。

牯岭路 15 号 朱仲梁公馆。朱仲梁曾任多所大学教授，还曾任经济学家马寅初秘书。该处院门开放。

牯岭路 16 号 杨中明公馆。杨中明曾任安徽省财政厅厅长。

牯岭路 18 号 姚光裕公馆。姚光裕曾任国民政府津浦铁路专员。

牯岭路 20 号 刘石心公馆 / 荷兰大使馆。刘石心曾任广州市政府社会局局长。1946—1948 年，荷兰驻华大使馆租用此处。

牯岭路 21 号 唐生智公馆。原产权人为张诚，张于抗战中期被日军所俘后充任汪伪南京中央陆军军官学校少将总队长。抗战胜利后，唐生智随国民政府从重庆迁回南京，住在此处。唐生智，陆军一级上将，其一生中最为人所关注的经历，就是 1937 年 11 月临危受命，出任南京卫戍司令长官，指挥过南京保卫战。该处院门常虚掩着。

牯岭路 22 号 郑介民公馆。系国民党中将刘茂恩以其妻彭宝珍之名登记产权，1949 年前郑介民租用。郑介民，国民党特务巨头之一，曾任军统局局长、保密局局长。该处院门开放。

牯岭路 23 号 花植公馆。花植身份不详。该处院门开放。

牯岭路 24 号 马超俊公馆。马超俊是民国历史上担任南京市长职务时间最长的一位，先后三次担任南京市长。在南京大屠杀惨案发生期间，正值马超俊第二次担任市长。1937 年 12 月 1 日，他命令全体市民带着寝具和餐具移居到"南京国际安全区"，以减少损失，避免发生更大的灾难。该处院门开放。

牯岭路 28 号 张镇公馆（第 344 页）。

建于 1934 年，院内竹木茂盛，环境宜人。

胡琏（1907—1977）曾任国民党第十二兵团司令，到台后，任"陆军副总司令"兼金门防卫司令，陆军一级上将。

参观指南：现为私宅，不对外开放，在院外也看不到建筑，大家就看看照片吧。

牯岭路10号
胡琏公馆

推荐参观指数：★

牯岭路28号
张镇公馆

推荐指数：★★

张镇（1899—1950），国民党中将，曾任宪兵司令、首都卫戍司令部司令。

参观指南：该处现为江苏省慈善总会，院门开放，可进院参观。

344

珞珈路以湖北武汉著名的珞珈山命名。珞珈路起自江苏路广场，沿线的民国建筑有：

珞珈路 1 号 毛邦初公馆。毛邦初是蒋介石原配夫人毛福梅的侄子，曾赴苏联学习航空专业，回国后任中央航空学校校长、空军总司令部副总司令。该处院落大门开放，可进院参观。

珞珈路 3 号 毛人凤公馆。原产权人为刘绍远。抗战后，特务头子毛人凤回南京时曾一度居于此。

珞珈路 5 号 汤恩伯公馆（第 346 页）。

珞珈路 7 号 张岚峰公馆。张岚峰曾任冯玉祥部炮兵团团长，抗战爆发后投降日伪，抗战胜利后又被蒋介石收编，1947 年被俘。

珞珈路 9 号 卓君卫公馆。卓君卫后将此处售予美国驻华大使馆。该处院门开放。

珞珈路 11 号 潘铭新公馆。潘铭新曾任首都电厂厂长、扬子电气公司总经理。潘于 1948 年将该处售予美国驻华大使馆。

珞珈路 13 号 萧缉亭公馆。萧缉亭曾任国民政府建设委员会秘书。

珞珈路 21 号 刘士毅公馆。刘士毅，国民党上将，曾任国防部次长。

珞珈路 23 号 冯有真公馆。冯有真曾任中央日报社社长，是中国第一个报道奥运会的新闻人。

珞珈路 36 号 吴保丰旧居。吴保丰曾任交通大学校长。该处院门开放。

珞珈路 38 号 戴坚公馆。戴坚曾任国民党唯一美式机械化部队青年军第二〇九师少将师长。

珞珈路 40 号 张淮明公馆。张淮明抗战前在国民政府江苏省民政厅任职。该处院门开放。

珞珈路 44 号 顾毓瑔（quán）公馆。顾毓瑔，文理大师顾毓琇的弟弟，中国纺织机械制造专家。该处院门开放。

珞珈路 46 号 瑞士公使馆。该处由南京市民陈张平玉于 1936 年购地兴建。瑞士政府于 1948 年 4 月租赁为公使馆用房，1949 年 4 月退租。

珞珈路 48 号 竺可桢旧居（第 348 页）。

珞珈路 50 号 巴基斯坦公使馆。原是国民政府交通部部长曾养甫于 1937 年前购地兴建。1949 年 1 月，巴基斯坦政府在华设立公使馆，派出首任驻华特命全权公使，租用该处为馆址，1951 年 1 月退租。现在的建筑是近年重建的。

珞珈路 52 号 冯轶裴公馆。冯轶裴曾任国民政府警卫军军长，1931 年病故。该处院门开放。

珞珈路5号
汤恩伯公馆

推荐参观指数：★★

建于 1935 年，1946 年汤恩伯以其妻之名购置，建筑细部中西合璧。

汤恩伯（1899—1954）曾任国民党陆军总司令部副总司令兼南京警备司令、京沪杭警备司令。

这幢建筑还曾有过伤痛的记忆。据《拉贝日记》记载，1937 年 12 月南京沦陷后，几名日本军人曾在珞珈路 5 号强奸了 4 名中国妇女，并将这里的自行车等物抢走，这里见证了日军占领南京后的暴行。

参观指南：该处院落大门开放，可进院参观。

赤壁路沿线的民国建筑有：

赤壁路 3 号 钮永建公馆。钮永建，国民党元老，曾任国民政府秘书长、江苏省政府主席。1946—1948 年，励志社向其租赁作为第三招待所。现为居民大院，院门开放。

赤壁路 4 号 谭文素公馆。谭文素是汪精卫儿媳，为避汪精卫汉奸身份，借其表姐钟佩琼之名登记该房产。现为居民大院，院门开放。

赤壁路 5 号 多米尼加公使馆。国民政府外交部常务次长刘锴于 1937 年购建。1946 年 10 月，多米尼加政府任命古斯曼为首任驻华特命全权公使，租用该处作为公使馆馆址，1949 年 6 月退租。现经营高端西装定制店，开放参观。

赤壁路 7 号 吴震修公馆。吴震修曾任上海市政府秘书长、中国银行南京分行经理、中国人民保险公司第一任总经理。

赤壁路 9 号 苏联大使馆。朱一成和吴南轩共同出资所建。朱一成曾任国民政府交通部电信总局局长，吴南轩曾任清华大学、复旦大学、英士大学校长。1947 年 5 月至 1950 年 2 月，租给苏联大使馆人员居住及一般办公用。现为居民大院，院门开放。

赤壁路 10 号 苏联大使馆（第 350 页）。

赤壁路 11 号 黄修青旧居。黄修青曾任民国中央电工器材厂厂长。

赤壁路 13 号 耿叔仁公馆。耿叔仁在东北任工程师并经商。

赤壁路 14 号 凌士芬公馆。凌士芬曾任国民政府中国航空公司顾问。现为居民大院，院门开放。

赤壁路 15 号 伍叔傥公馆／苏联大使馆。伍叔傥历任中山大学、中央大学等校国文教授。1949 年前，该处曾为苏联大使馆租用。如今院门经常开着，主人堵着门摆个小摊卖点杂货，不一定让进，可以商量。

赤壁路 16 号 沈克非旧居。沈克非，著名外科学家和医学教育家，中国现代外科学的奠基人和先驱者之一。

赤壁路 17 号 朱家骅旧居。原产权人为国民政府"国大代表"李熙谋，1946—1949 年朱家骅居住于此。朱家骅曾任中央大学校长、国民政府教育部长、交通部部长、浙江省政府主席。该处院门有时虚掩着。

左页

建于 1935 年，现为居民大院。走进院子，目光自然会投射到位于中央的一幢两层西式小楼上，这幢小楼正是著名气象学家、地理学家竺可桢的旧居。1965 年，竺可桢把这处房产捐给了国家。

参观指南：该处院落大门开放，可进院参观。

赤壁路10号
余青松公馆/苏联大使馆

推荐参观指数：★★

西康路稍长，为南北走向，南起虎踞关，北至宁夏路止，中间与北京西路相交。因此，其北京西路以南一段不属于颐和路公馆区，但也一并讲全。

北京西路以南的西康路上，值得一看的民国建筑有：

西康路1号民国建筑。"西康路1号"即河海大学校门，进门右转上坡，在坡顶的友谊山庄旁，有一幢两层西式小楼，米黄色外墙，楼东南角为挑空门廊。研究者指出，该处曾是美国驻华军事顾问团团长巴大维的寓所。后经改造，现为河海大学国际合作处所在地。

西康路18号 毛燕誉旧居。毛燕誉曾任浙江大学电机系教授，抗战胜利后在国民政府交通部钢铁配件厂任厂长、技师室主任等职。

以下建筑位于北京西路以北：

西康路33号 美国大使馆（第352页）。

西康路39号 梁寒操公馆（第354页）。

西康路44号 罗马教廷公使馆。该处位于西康路/天竺路交会口，与"天竺路25号罗马教廷公使馆"仅一墙相隔。院内一幢两层西式建筑，风貌与"天竺路25号"相同，亦为罗马教廷公使馆旧址。

西康路48号 美国大使馆。原产权人王恩东曾任金城银行南京分行经理，1947年，王将该处房产转卖给美国驻华大使馆。

西康路50号 钱士欣旧居。钱士欣曾任国民政府监察委员、上海交通大学校长。

西康路52号 戴铭礼公馆。戴铭礼曾任国民政府财政部钱币司科长。该处未镶门牌号。

西康路54—1号 颜任光公馆。颜任光，物理学家，曾任北京大学教授、私立海南大学校长。

西康路54—2号也为颜任光公馆。

西康路56号 严智钟公馆。严智钟，微生物学家、传染病专家，曾任国民政府军政部陆军军医学校校长。1946年，严智钟将该处卖给中国农业银行作职工宿舍。

西康路58号 冷欣公馆。冷欣，国民党陆军中将，曾任陆军总司令部副参谋长，并以受降特使身份首先回南京部署受降。

左页

建于1937年前，产权人为余青松。1949年前曾一度租给苏联驻华大使馆作为办公用房。

余青松（1897—1978），中国现代天文学家，曾任中央研究院天文研究所所长，创建了紫金山天文台，任台长。美国哈佛天文台（余青松曾在那里工作）于1987年将新发现的第3793号小行星命名为"余青松星"。

参观指南：现为南京市赤壁路小学，校门内迎面的一幢西式小楼即是，该楼系按原外观复建的。

1948年，海军陆战队守卫下的美国大使馆

该处原是汪精卫的官邸。

1936年9月，美国政府任命詹森为首任驻华特命全权大使。抗战前的美国大使馆设在上海路82号。抗战胜利后，1946年7月，司徒雷登继任，接替詹森。大使馆由重庆迁回南京，以西康路33号为馆址，原上海路馆舍改为新闻处。当时美国在国共双方中充当调停人的角色，美国大使馆也就成了世人瞩目的焦点，周恩来曾多次到这里来与司徒雷登交涉。1949年8月，司徒雷登离开南京，大使馆不久关闭。

现存1幢主楼、3幢平房，外观尚好，内部基本维持原样。

参观指南：今为西康宾馆，可进大院参观。大使馆旧址主楼现为8号楼，全国重点文物保护单位，一般游客不容易入内参观。

西康路39号
梁寒操公馆

推荐参观指数：★

宁夏路处于颐和路公馆区的西北一隅，是闹中取静的优雅街道。宁夏路沿线的民国建筑有：

宁夏路 2 号 于右任公馆。位于宁夏路 / 江苏路交会处，院墙高大，树木成荫，宅邸幽深，基本上看不见主体建筑。该处与相邻的"宁夏路 6 号"都曾是国民党元老于右任府邸。

于右任（1879—1964）早年加入同盟会，长年在国民政府担任高官，又是民国大书法家、诗人，前后共任监察院院长 34 年。

宁夏路 6 号 于右任公馆 / 法国大使馆（第 356 页）。现存两幢民国建筑。于右任公馆是图中较远处的那幢两层西式小楼，建于 1936 年，其特征是东南侧为突出半圆柱形。于右任于 1946 年租住此处，直至 1949 年前往台湾。

法国大使馆是图内右部较近的那幢三层西式楼房。原为国民政府立法委员周兆棠于 1937 年前所建，1947 年 3 月至 1949 年 12 月由法国驻华大使馆租用。

该处现为三八保育院（即幼儿园），对参观者不开放，在门口可远观建筑一角。

宁夏路 9 号 中国银行职工宿舍（第 357 页）。

宁夏路 15 号 谷正鼎公馆（第 358 页）。

宁夏路 17 号 丁世祺公馆。丁世祺为国民政府中央信托局局长。该处位于宁夏路 18 号大院对面小坡上，与上述"宁夏路 15 号 谷正鼎公馆"并排。

左页

梁寒操（1899—1975）曾任国民政府军事委员会政治部中将副部长、立法委员。

参观指南：现为私宅，不对外开放，在院外可欣赏建筑局部外观。

远处的是于右任公馆，右为法国大使馆

建于 1937 年。其外墙红砖
砌筑颇有特点，细部耐看。

参观指南：现为居民大院，
院门开放，可进院参观。

宁夏路15号
谷正鼎公馆

推荐参观指数：★

谷正鼎（1903—1974）曾任国民党中央组织部部长。活跃在民国政坛上的"谷氏三兄弟"——谷正伦、谷正纲、谷正鼎，声名显赫，有"一门三中委，兄弟皆部长"之称，与宋氏三姐妹齐名。

参观指南：该处位于宁夏路18号大院对面小坡上，现为私宅，不对外开放，在院外可欣赏建筑局部外观。

至此，我们就巨细无遗地参观完了颐和路公馆区。且不忙走，若有兴趣，这一带还有一些民国建筑可看。

在宁夏路附近，可顺便参观：

老菜市 8 号 荷兰大使馆（第 360 页）。此处一定得看。

水佐岗 39 号 波兰大使馆（第 362 页）。

在颐和路公馆区第十二片区以东，可进大方巷，巷内两侧可参观：

傅佐路 30 号 常鑫旺公馆（第 364 页）。

大方巷 39 号 侯镜如公馆（第 365 页）。

大方巷 7 号民国建筑群。院内有 9 幢两层楼房，分东西两排并列，西式风格，各有特色，为赵承德（铁路工程师）、詹天锡（开营造厂）、江英志集资共建。现为居民大院，对外开放。

在大方巷中间，可拐进鼓楼五条巷，沿途参观：

鼓楼五条巷 17 号 张笃伦公馆 / 奥地利公使馆（第 366 页）。

挹华里 7 号 吕云章公馆。鼓楼五条巷 9 号与 11 号之间有条小巷，叫"挹华里"。进去走到头，即挹华里 7 号居民大院。该建筑就位于大院中，系 2 幢东西相对的红砖西式别墅小楼，建筑年代、风格颇为一致，故又名"姊妹楼"，原为国民党中央委员吕云章所有。

鼓楼五条巷 6 号 魏修徵（zhēng）旧居。魏修徵曾任南京女子中学、金陵中学英文教员。现为民宅，院门开在南面。

鼓楼五条巷 5 号 李玛利旧居。李玛利曾任国立东南大学女生指导部主任兼化学教授、英文教授，后任中央大学文学院外国文学系教师。建筑不临街，已修缮出新。

行至鼓楼五条巷南头，可左转，过云南路，进入西桥。西桥是一条曲折的窄巷，沿途可参观：

西桥 5 号 雷震公馆。雷震曾任国民政府行政院政务委员。建筑位于居民大院内，院门开放。

西桥 2—2 号 何雪庐公馆（第 367 页）。

行至西桥东头，可右转，进入鼓楼四条巷，沿途参观：

鼓楼四条巷 4 号 武中奇旧居。武中奇，著名书法家，曾任江苏省画院副院长。该处为独立小院，两层欧式建筑，不对外开放，在其南面的渊声巷 43 号居民大院里可欣赏建筑全貌。

由武中奇旧居，顺鼓楼四条巷南行约 200 米，即可回到北京西路。这不又回到我们这条线的出发地了嘛，左右不远便是地铁 4 号线云南路站、鼓楼站。

　　老菜市是山西路附近的一条东西走向的小街，街的东头是人和街和北四卫头，街的西头是水佐岗。"老菜市8号 荷兰大使馆"在老菜市的西头。

　　前往老菜市，可以从山西路广场西北侧的人和街走进来300米后抵达，也可从江苏路广场北侧的北四卫头走进来400米后抵达。

　　1935年，荷兰与南京国民政府建立公使级外交关系。翌年3月，荷兰政府任命傅恩德为驻华特命全权公使，并买下现老菜市8号建筑为公使馆，1947年3月升格为大使馆，直至1949年9月荷方人员撤离南京。

　　建筑建于1936年，与其他国家使馆所偏好的西式建筑样式相比，荷兰大使馆的特别之处在于，它采用中国传统宫殿式大屋顶风格。飞檐翘角，灰色小筒瓦，檐下兜圈一道精美的寿字纹水泥花砖。平面布局对称，外墙青砖清水砌筑，钢质外窗，室内大厅地面的拼花水磨石保留完好。

　　参观指南：该处经修缮，现由观筑历史建筑文化研究院使用，举办南京民国地图展，免费开放，开放时间为周三至周六，可预约参观。

水佐岗39号
波兰大使馆
推荐参观指数：★★

　　从老莱市 8 号荷兰大使馆出来，向北沿水佐岗走 100 多米，可见街对面绿茵环抱的山岗上，有一幢红瓦黄墙的楼房格外显眼。沿街院子的铁门锈迹斑斑，围墙上黑底黄字的铭牌记录了它的与众不同："波兰驻中华民国大使馆旧址"。

　　该处原为成济安、任瘦清夫妇寓所。1937 年，任瘦清女士置地兴建了这幢仿欧洲乡村式花园别墅，又称"星汉别墅"。主楼两层，依坡而建，黄色外墙，红瓦多折坡顶。

　　1948 年 3 月，波兰政府任命朴宁斯基为首任驻华特命全权大使，租用该处为使馆馆址，1950 年 3 月退租。

　　也许是"星汉别墅"的名气太大吧，旁边新建的高层住宅小区，竟命名为"星汉城市花园"。

　　参观指南：现为私宅，不对外开放。在其北侧的江苏省委党校大门口，可远观建筑一角。左页这幅鸟瞰建筑全景，应该是读者从未见过的。

　　侯镜如（1902—1994）曾任国民党第九十二军中将军长、第十七兵团司令，1949年率部起义。

　　参观指南：该处现空置，环境杂乱不堪。

左页

　　西式别墅风格，南面外墙中间突出部分形似一张人脸，两个圆窗如同圆圆的大眼睛，下方的方窗形同嘴巴，圆窗下的两行白色痕迹像是流下的两行"泪"。整个造型好似一个"囧"字，让人忍俊不禁。

　　常鑫旺曾任国民政府兵工署中尉书记、保长、国民政府参议员。

　　参观指南：该处在大方巷的支路——傅佐路上，现为居民大院，院门开放，可进院参观。

何雪庐为中央大学教授。建筑为西式风格，外观呈 L 形。

参观指南：现为居民大院，院门开放。

左页

　　建于 1936 年，其临街的东北角和东南角各有一个城堡式凸出部，南门廊有 2 根欧式圆柱。

　　该处原是辛亥革命元老、国民政府重庆市市长、湖北省政府主席张笃伦的寓所。1948年 3 月，奥地利政府任命施德复（一译史丹福）为首任驻华特命全权公使，租用该处为公使馆馆址，1950 年 2 月退租。

　　参观指南：现为民宅，院落大门开放。

向西第三条参观路线

本条路线从总统府出发，先沿长江路西行至中山路，然后涵盖了"中山路以西、虎踞路以东、汉中路以北、北京西路以南"这个四边形区域。因是大片区域，没法一条单线走下来一览而尽，故我们按"相对集中、方便衔接"的原则，梳理归纳出一条一条街巷，力求都能看到。

先沿长江路一路向西。长江路是民国时期南京最重要的道路之一，当时全国的政治心脏——国民政府就坐落在这条路上。那时它叫作"国府路"，后来还曾改叫"林森路"——林森是国民政府主席的名字。长江路上民国印记众多，除了总统府外，国立美术陈列馆、国民大会堂都是承载记忆的民国建筑代表。具体说来，长江路左右两侧的民国建筑有：

长江路 266 号 国立美术陈列馆（第 372 页）。

碑亭巷 51 号 上海震旦大学预科部。由法国天主教耶稣会于 1925 年创办，实际上是一所法文专修学校，相当于速成高中，它鼓励毕业生将来能考进震旦大学深造。"震旦"一词为古印度人对中国的称谓。该预科部即今南京市第九中学的前身。现存一幢两层西式小楼，即九中的"校史馆"。建筑位于"长江路 266 号 国立美术陈列馆"对面的九中校园内，因被临街教学楼所遮挡，故沿长江路看不见它。

长江路 264 号 国民大会堂（第 374 页）。

洪武北路 129 号 公余联欢社（第 376 页）。

青石街 20 号、22 号、26 号民国建筑。青石街地处长江路南侧，与长江路平行，是一条长不过 200 米的窄巷。巷内的北侧现存一排 6 幢民国建筑，分别是 20 号"青村"、22 号"海山村"、26 号"青云里"。20 号据悉是民国内政部水利科科长陈湛恩的公馆，建于 1934 年，由桥梁专家茅以升督造。青砖两进两层小楼，细部精致，入口门洞上方嵌一块水泥匾额，上书"青村 李锡五 民国廿三年四月"。现正在围挡修缮，将改造成艺术展览空间。

看完此处，即可沿糖坊桥向北步行回到长江路。

沿长江路向西走到头，就到中山路了。在长江路/中山路路口，可过街，然后左转向南（往新街口广场方向）。沿途可参观：

中山路 75 号 福昌饭店（第 378 页）。

中山路 19 号 中国国货银行南京分行（第 380 页）。

在新街口广场可右转，沿汉中路西行至管家桥（或者，沿上述"福昌饭店"和"中国国货银行南京分行"之间的延安路西行，也一样可至管家桥）。管家桥西侧、华新大厦背后，有条小街叫沈举人巷。让我们步入巷中，参观：

沈举人巷 14 号民国建筑。位于沈举人巷 10 号旁的支巷内，西式两层小楼，造型对称。楼前一株蜡梅，花开时节，香气四溢，沁人心脾。据现主人称，此楼原为国立药学专科学校校长居住。

沈举人巷 26 号、28 号民国建筑（第 382 页）。

沈举人巷以北的明华新村、平家巷深处，尚有几处民国住宅，观赏性一般，就不一定看了。可在沈举人巷尽头右转，进入慈悲社，参观：

慈悲社 16 号 夏光宇旧居（第 383 页）。

慈悲社 16—1 号 夏光宇旧居。也在 16 号居民大院内，体量较大的那一幢即是。青砖青瓦，二楼有露台。

慈悲社 20 号 周伟公馆。周伟系汪伪政府"立法委员"。抗战胜利后，该处一度由国民党中央党政考核委员会秘书长李宗黄居住。建筑位于某公司大院内右手，楼高两层，法国风格。

再回头，回到"沈举人巷 26 号、28 号民国建筑"处，拐进大锏银巷，可参观：

大锏银巷 17 号 金陵神学院（第 384 页）。

大锏银巷 64 号 吴思豫公馆。吴思豫曾任首都警察厅厅长、总统府第四局局长。院内有 3 幢造型相同的别墅洋楼。

再向西行就到上海路了。不着急，我们先折向南，在不远处的汉中路上，可参观：

汉中路 140 号 基督教百年堂（第 386 页）。

看完基督教百年堂，便可返回上海路，一路向北上坡，沿路可参观：

上海路 2 号 徐东藩公馆。徐东藩曾任国民政府外交部参事、浙江省参议会参议员。建筑位于上海路 2—1 号居民大院内，编号为"5 幢"。

上海路 9 号 梁筱斋公馆。梁筱斋为国民党军少将、兵团参谋长。从江苏水利大厦北侧小路上坡，右转，建筑位于左手，编号为"5 幢"。

上海路 11 号 黄琪翔旧居（第 388 页）。

上海路 11—6 号 蒋纬国公馆（第 389 页）。

上至坡顶，就是有名的五台山体育中心了，可参观体育中心内的民国建筑：

五台山 1 号 日本神社旧址（第 390 页）。

五台山 1—2 号 袁晓园旧居。袁晓园是国民党元老叶楚伧的儿媳，1945 年出任驻印度加尔各答领事馆副领事，成为我国第一位女外交官。她也是著名作家琼瑶的姨妈。该处位于五台山体育中心东南一隅、体育馆路右侧的岔路尽头，可惜岔路口大门紧闭。

百步坡 1 号 翁文灏（hào）公馆。翁文灏，中国第一位地质学博士，中国地质事业创始人之一，民国时著名学者，曾任国民政府行政院秘书长、资源委员会委员长、行政院院长。建筑位于五台山体育馆西侧，建于 1948 年，由著名建筑师杨廷宝设计，今仅存西式主楼 1 幢，室内经改造，现辟为江苏体育陈列馆。

百步坡 4 号 叶楚伧公馆（第 392 页）。

看完此处，可从体育场北侧的 3 号门下山，顺便造访山脚下的"全球十大最美书店"之一——先锋书店。

这里顺带提一下五台山以西、清凉山公园内的一处民国建筑。若从体育馆南侧的 1 号门下山，沿广州路西行，可至：

清凉山 83 号 白崇禧公馆（第 393 页）。

此处有些偏远，可去可不去。这儿就是本条参观路线的最西端了。

若不去看白崇禧公馆，则可从体育场东南侧的 4 号门下山，在五台山以东的华侨路上，参观：

华侨路 81 号 戴季陶公馆（第 394 页）。

由该处过街，进入豆菜巷，附近可参观：

麻家巷 9 号 暹罗大使馆（第 395 页）。

豆菜桥 20 号 罗吉人、罗增辉公馆。罗吉人是国民政府交通部参事，罗增辉是国民政府监察委员。该处位于居民大院内，现存 20—2 号、20—3 号两幢风格相同的西式两层小楼。

豆菜桥 44 号 郑肇经旧居。郑肇经，水利学家，历任国民政府水利部顾问、中央大学教授。该处现称"豆菜桥 44—46 号民国建筑"，独立院落，院内花木繁多，环境优美。

干河沿前街 94 号 张纪泉公馆。张纪泉是上海天通金属电厂经理。1949 年后，主人叫冷遹（yù），中国民主同盟与中国民主建国会的创始人之一，曾任江苏省副省长。建筑为西班牙风格，黄色墙面，红色坡顶，一楼有敞开式外廊。

由该处，若沿干河沿前街继续前行，可至中山路（即下面要介绍的建筑旁）；若中途左转，即达广州路，路口正对面就是南京大学南园南门。

回到中山路，一路向北往鼓楼方向，沿途可参观：

中山路 169 号 汇文书院钟楼（第 396 页）。

小粉桥 1 号 拉贝旧居（第 398 页）。

中山路 251 号 国民政府司法行政部大门（第 400 页）。

中山路 291 号 三民主义青年团中央团部大门（第 401 页）。

中山路 321 号 马林医院（第 402 页）。

中山路是为迎接孙中山先生灵柩而建的中山大道的一部分，为南北走向的干道，南起新街口广场，北至鼓楼广场，它与北面的中央路和南面的中山南路构成南京市的南北方向主轴线。路两旁各有一排高大的法国梧桐，遮天蔽日。沿线留存多处民国建筑，且都居于路西的单号。地铁 1 号线贯穿中山路，在中山路设 3 站，分别是新街口站（近中山路 19 号中国国货银行南京分行）、珠江路站（近小粉桥 1 号拉贝旧居）、鼓楼站（近中山路 321 号马林医院），朋友们可就近下车寻访。

　　国立美术陈列馆建成于 1936 年，是中国近现代第一座国家美术馆。著名建筑师奚福泉设计，采用新民族形式设计风格，是民国建筑师探索中国建筑的一处实例。建筑整体为简洁明快的西方现代建筑，但在细节之处体现出中国传统建筑的韵味，如采用斗栱式样的装饰等。檐口下镶嵌有国民政府主席林森题"国立美术陈列馆"7 个楷体大字。在内部功能上，完全是按照现代美术展览的要求来布置的，流畅而明亮。

　　参观指南：现为江苏省美术馆老馆，对外开放，领票参观。该处位于总统府以西 400 米，最近的地铁出口是 3 号线大行宫站 5 号口（200米）、2 号线大行宫站 2 号口（300 米）。该处斜对面就是江宁织造博物馆，值得参观。

国民大会堂是民国时期中国规模最大、设施最为先进的会堂。它与一墙之隔的国立美术陈列馆整体上非常相像，两者同时建造，1936 年竣工，由同一位建筑师设计，都是以中部凸起为中心，两边对称布置，并且两者都可被认为是进行新民族形式尝试的建筑作品。

大会堂内制冷、供暖、通风、消防、卫生等设施齐全，在当时来说，堪称国内一流。更值得一提的是，大会堂内还安装了当时世界上最先进的投票表决系统。作为民国时期有代表性的新建筑，国民大会堂还被用作了钞票上的图案。

国民大会堂建成后，成为民国首都南京最重要的会场建筑，见证了很多历史风云。1948 年 3—4月，国民党"行宪国大"在国民大会堂召开，其主要任务是选举"总统""副总统"。开会期间，国民党各派系展开明争暗斗，闹得不可开交。4 月 19 日，在国民大会堂，蒋介石当选为"中华民国总统"，李宗仁当选为"副总统"。1949 年后，国民大会堂改名为南京人民大会堂。

参观指南：该处为全国重点文物保护单位，是召开重要会议、举行文艺演出的场所，逢一些重要的节点会对市民开放。

洪武北路129号
公余联欢社

推荐参观指数：★★

　　行至长江路 / 洪武北路交会口，可先折向北，走个 200 米，去看一下公余联欢社。

　　公余联欢社曾经是民国时期首都南京的文化娱乐中心。原有建筑 6 幢，现存 1 幢两层楼房。小楼建于 1913 年，西洋风格，内外墙体的主体颜色皆为黄色。

　　1934 年，时任国民政府交通部常务次长的张道藩，在南京成立公余联欢社，培养话剧、昆曲等戏剧人才。联欢社成立后，张道藩经常召集艺人在此排练和演出一些剧目，于是很快成了潮人们的聚集地。民国时期，这里大牌云集，门庭若市，国民政府要员和社会名流经常在此出没。当年张学良被幽禁在北极阁时，也曾经来这里看戏。

　　1935 年，京剧大师梅兰芳曾在此举行赈灾义演。1937 年，南京沦陷，公余联欢社很快也被日军占领，成为汪伪傀儡社团"中日文化协会"办公场地。抗战胜利后，由国民党文化运动委员会主任委员张道藩接收，仍拨给公余联欢社使用。

　　参观指南：该处现已变身为"1913 街区"，曾经梅兰芳演出过的地方，也被改造成了国民小剧场，对外营业。看完这处，可原路返回，继续沿长江路参观。

福昌饭店地处南京市中心——新街口，是南京著名的老字号饭店。

福昌饭店由浙江富商丁福成兄弟与德国洋行合资筹建，取"福泽四海，昌隆四方"之意。由华盖建筑师事务所设计，1933年竣工。主体高六层，为当时南京最高建筑。立面设计采用竖线条，是当时西方现代派建筑代表作之一。饭店内拥有当时世界先进的、国内少有的奥的斯（OTIS）手摇式电梯（当时南京城里只有两部，一部在总统府"子超楼"内，另一部就在福昌饭店）。1937年12月，日军攻陷南京，福昌饭店因有德国洋行的股份而得以完整地保存下来。

现在的福昌饭店已褪去昔日的光环，走向大众。用当今的眼光来看，也许

它的门面太小了，但走进去之后，会发现里面别有一番洞天，民国遗风犹在。

在福昌饭店门口，不妨向街对面遥望一眼——对面德基广场的玻璃幕墙上，镶嵌着红白双色的"胜利电影院"门脸。胜利电影院的前身是民国南京"四大戏院"之一——新都大戏院，德基广场将戏院原址的门脸嵌入建筑，保留了这一城市记忆。

参观指南：今福昌饭店一楼为门厅和商店，二楼为中餐厅，三楼为宴会小厅，四楼至六楼为客房，对外营业，可参观和消费。该处位于中心大酒店南侧，离新街口广场约350米，最近的地铁出口是1号线/2号线新街口站6号口。

中山路19号
中国国货银行南京分行

推荐参观指数：★★★

由福昌饭店向南走几步即到。

中国国货银行由孔祥熙、宋子文所创设，为官商合办的银行。总行设在上海，成立于1929年，1930年在南京设立分行。

该银行建筑由著名建筑师奚福泉设计，1936年竣工。大楼共六层，是当时南京最高的建筑之一。

建筑正面呈对称形式，入口设大门廊，有8根方形石柱，高达两层，上接挑台石栏，下部为仿石柱础。外墙面用人造石饰面，细部采用中国传统式的装饰。建筑内部护壁及地面均为嵌铜条水磨石（现已不存），平顶均做彩画。在这里，平面的现代功能与立面的细部装饰构成了"中式折中"，堪称中国近代建筑史上"新民族形式"的重要范例。

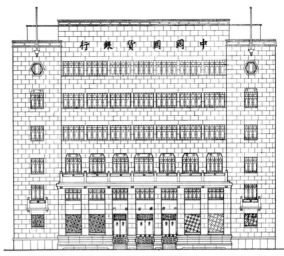

中国国货银行南京分行正立面图（1934年绘制）

参观指南：现为新街口邮政支局，内部已改造，对外营业。该处离新街口广场约150米，最近的地铁出口是1号线/2号线新街口站6号口。

在南京繁华闹市新街口西侧，隐藏着一条不起眼的小巷——沈举人巷，巷内最引人注目的就是这处建筑了。

慈悲社16号
夏光宇旧居

推荐参观指数：★★

夏光宇是近代著名土木工程学家，曾参与中山陵园的设计建设，曾当选中国土木工程师学会首任会长。1949年前，该处二楼曾作为德国驻华大使馆馆舍，一楼曾作为德国新闻图片社。

参观指南：建筑位于慈悲社16号居民大院内，黄墙红瓦，引人注目。南面红色大门旁，有个写着"夏宅"的信报箱。

左页

沈举人巷约有200米长，两边分布着居民楼和商铺。在巷子尽头，坐落着一座民国风格的宅院，庭院里水杉成荫，环境幽静，颇有一种"君子隐于市"的风度。建筑始建于1934年，由著名建筑师童寯设计，为南北2幢西式带阁楼的别墅，青平瓦屋面，青砖清水外墙，二楼中部设阳台。不过，现在的建筑是2008年拆除后原址重建的。

近十几年来，该处一直以"张治中公馆"的名号对外宣传，现已被证明名不副实，其与著名爱国将领张治中先生并无多少关系，张治中本人从未在这里住过。故本书出于严谨，介绍此处为"沈举人巷26号、28号民国建筑"。

参观指南：该处位于沈举人巷／慈悲社交会口，东邻管家桥，西靠金陵神学院旧址。现为江苏省收藏家协会活动中心及翡翠专业委员会的办公场所，不对外开放。院落大门常开，在门口可欣赏建筑外观。

大铜银巷17号
金陵神学院

推荐参观指数：★★★

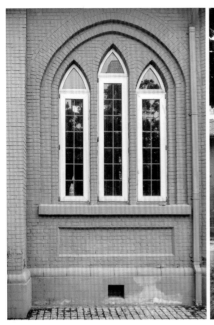

　　金陵神学院由美国南北长老会于 1911 年在南京创办，初名"金陵神学"。1917 年，改名为"金陵神学院"。美国驻华大使司徒雷登曾在该校任教，教授希腊文达 10 年之久。抗战时期，金陵神学院迁往上海和成都，战后又迁回南京。1952 年，在当时金陵神学院的基础上联合华东地区 11 所神学院校而成"金陵协和神学院"，校区就位于大铜银巷 17 号原金陵神学院所在地。2009 年，该校迁至江宁大学城。

　　位于大铜银巷 17 号的金陵神学院旧址，占地 30 亩，闹中取静。院内环境优美，香樟成林，碧草如茵。旧址建筑群保护完整，尤以 3 幢建于 1921—1922 年的民国建筑最具特色：圣道大楼和 2 幢学生宿舍楼，均为美国殖民时期建筑风格，金陵大学齐兆昌建筑师设计。圣道大楼是全院中心建筑，现称"博爱楼"，平面呈十字形，正面开连续拱券门廊，楼后部的小礼堂具有浓郁的教堂风格。2 幢学生宿舍楼位于圣道大楼西侧和东北部，现称"博明楼"和"博雅楼"。

　　参观指南：该处现已变身为艺术金陵文化创意产业园，可进院参观，但需出示证件，并与门卫协商。

汉中路140号
基督教百年堂

推荐参观指数：★★

传教士宿舍

　　这里实为金陵神学院另一处旧址，也是金陵神学院创办之初的校址。资料记载，20世纪70年代时，该处金陵神学院旧址建筑尚存5幢，现仅存2幢，即基督教百年堂和教学大楼。

　　基督教百年堂建于1921年，由美国南卡罗来纳州生姆脱城三一堂捐建，用作监理公会国外布道百年纪念，故得名。该堂面朝东，高四层，入口处设直通二楼的柱式门廊。东南角墙体镶嵌花岗石碑，上有中英文铭文，清晰可辨。百年堂东北侧那幢三层建筑是当年的教学大楼，面朝南，风格与百年堂相若，其入口高耸的门楼线脚、花饰精美。

　　参观指南：建筑位于南京医科大学附属口腔医院(即江苏省口腔医院)大楼背后、南京医科大学五台校区内东南角，现为学校行政楼，已修缮出新。医院门口就是地铁2号线上海路站2号出口。

　　之前讲过，汉中路是本条参观路线的南部边界，故这里只介绍汉中路北侧的民国建筑。汉中路南侧的，我们将放在"向南参观路线"讲述。

美国摄影家西德尼·甘博摄于1932年前。照片中左侧建筑一角是基督教百年堂，正面建筑物是教学大楼，右侧两层建筑今已不存

　　蒋纬国（1916—1997），蒋介石次子，曾任战车第一团团长、装甲兵司令等职。该处是蒋纬国1948年任战车团团长时以其妻之名兴建的花园洋房。现存两层楼房1幢，青砖外墙，青瓦四坡顶，木制门窗。

　　也有传闻称此处为卫立煌公馆，连门卫也信誓旦旦这么说。但本书还是采信更可靠的资料，称其为"蒋纬国公馆"。

　　参观指南：该建筑与左页的"上海路11号 黄琪翔旧居"同院，位于省电力公司大院内东侧，编号为"02幢"，不对外开放，沿上海路可望见。

左页

　　该处原为黄琪翔的同乡江英志于1933年购地建成的私宅，黄琪翔夫妇1937年春到南京时住在这里。1937年8月，八路军代表朱德、周恩来、叶剑英曾来此与黄琪翔聚会。1948年，黄琪翔以其妻郭秀仪之名买下此宅。西式两层小楼，黄色外墙，青瓦屋面。现损坏严重，已成危房。

　　黄琪翔（1898—1970），国民党陆军上将，著名爱国将领，中国农工民主党创始人之一。抗战时先后任集团军总司令、中国远征军副司令长官。1949年回北京参加政协，曾任全国政协常委、司法部部长。

　　参观指南：建筑位于省电力公司大院内西端，编号为"06幢"，不对外开放，在大门口可望见。

正殿

侧殿

　　该处原为侵华日军仿照东京靖国神社而建的南京神社，设计者是高见一郎，系我国境内同类建筑中规模最大的一处。现存建于1940—1941年的2幢砖木结构建筑，其中坐北面南者为正殿，坐东面西者为侧殿。正殿原供奉天照大神像及阵亡的日军将佐灵位，侧殿用于供奉尉官和士兵灵位。1945年日本投降后，国民政府将其改作中国抗战阵亡将士纪念堂，正殿换上为抵抗日本侵略而牺牲的中国将士灵位，侧殿用于陈列缴获自侵华日军的战利品。正殿前现仍存有蒋介石手植黑松及石碣。

　　建筑为典型的日式和风建筑风格，柱趺式台基、杏黄色墙壁、赭色窗户、方形外廊柱、宽而矮的歇山顶、黑色瓦，院内草坪上另存有若干日式风格石质灯座及底部有雕花纹饰的旧式路灯。

　　1949年以后，神社所在地成为江苏省体育局的办公场所，神社的附属建筑也逐渐被拆除，如今只剩下正殿和侧殿，又被称作"大庙"和"小庙"。大庙目前处于闲置状态，小庙成为体育局"老同志之家"，内部均已被改造。

　　参观指南：该处位于五台山体育场东侧、4号门旁的江苏体育宾馆大院内，可从永庆巷的体育馆路进入。大院对外开放。

　　白崇禧（1893—1966），陆军一级上将，曾任国民政府国防部部长、参谋总长，号称"小诸葛"。公馆为西式花园别墅风格，是白崇禧夫妇避暑和躲避应酬的别墅，树木掩映，十分幽静。

　　参观指南： 该处位于清凉山公园内东南角、公园大门内右手。公园免票入园。建筑现经营茶楼，内部已改造。

　　这里距五台山体育中心约 1.2 千米，且离哪号地铁都不近，最近的地铁站是 2 号线汉中门站，行程约 900 米。如此看来，此处稍显偏远了，可去可不去的。

左页

　　建于 1945 年，独立院落，两层西式小楼，黄墙红瓦，东边有小花园。整幢建筑被树木包围，幽静隐蔽。

　　叶楚伧（1887—1946），著名的南社诗人，国民党元老，曾任江苏省政府主席、国民党中央宣传部部长。

　　参观指南： 该处位于五台山体育馆北侧，现为私宅，不对外开放，在院外可欣赏建筑局部外观。

暹罗是泰国旧称。该建筑为华振麟于1936年所建，1946年12月，暹罗国政府任命杜拉勒为首任驻华特命全权大使，租用该处为大使馆馆址，1950年3月退租。

参观指南：建筑是部分仿原样复建的，不对外开放，隔着栅栏可欣赏外观。

同大院内，与其并排临街的两幢灰色两层建筑，亦是仿原民国建筑复建的。

中间的一幢系仿原"麻家巷8号 斯立公馆"。斯立曾任国民党辎重兵学校教育长、国防部中将高参。

东侧的一幢系仿原"豆菜桥37号 卢毓骏寓所"。卢毓骏，著名建筑师，曾任南京特别市工务局建筑课课长，后转

麻家巷9号
暹罗大使馆
推荐参观指数 ★

入国民政府考试院工作。其南京设计作品有国民政府考试院建筑群（见第140～143页）、国立中央研究院社会科学研究所（见第147页）等。

左页

戴季陶（1891—1949），1911年加入同盟会，1912年任孙中山秘书，后任国立中山大学校长、国民政府考试院院长等职。此处是戴季陶任考试院院长时的官邸，建于1929年。

参观指南：建筑位于部队干休所内，进大院后上坡（坡有点陡），右转至坡顶，右手即是。门廊面东。

今金陵中学是在原汇文书院的基础上建设而成的，而汇文书院是金陵大学的发源地。1888年，美国基督教美以美会的傅罗先生创建了汇文书院以兴办大学，后随着大学规模的扩大，大学另买地新建，汇文书院这处校舍就成为金陵中学。

原书院建筑建于19世纪末，由美国教会委托美国建筑师设计。主要建筑有钟楼（1888年）、东西课楼（1893年）、考吟寝室（1893年，俗称"口字楼"）、礼拜堂（1898年）、图书馆（1902年）、体育馆（1934年），现仅存钟楼和图书馆。

钟楼是学校的主体建筑，高三层，中部有高四层的钟塔，中轴对称，前后都有门廊，属美国殖民地建筑风格，也是南京市19世纪末的最高层建筑。

钟楼内部

时值清朝末年，南京房屋建筑均为单层平房，这座鹤立鸡群的楼房被市民视为奇观。又因系洋人所建，故时人称之为"三层楼洋房"。建筑外墙为青砖砌筑，每层的窗户上沿都有一条橘红色的装饰带，水平环绕楼体一周，精巧别致。屋顶原是双折坡顶，1917年毁于火灾后，改建为四坡顶，屋面用水泥方瓦斜铺。室内门窗、楼梯都是木制，铺木地板。顶层的那口钟，叫"博尔登教堂大钟"，由美国贝尔铸造公司铸造。该钟楼是金陵中学的标志性建筑，其图案被金陵中学校徽所使用。

图书馆在钟楼的北部，美国殖民地建筑风格。高两层，青砖砌筑，在每层窗上过梁位置用红砖砌4~5皮的高度形成装饰带，楼层之间用精细的磨砖砌出线脚，入口处有门廊，上为阳台、坡屋顶。

参观指南：钟楼现为金陵中学行政楼，全国重点文物保护单位，只对本校师生开放。距该处最近的地铁出口是1号线珠江路站1号口（250米）。

图书馆

　　该处位于今南京大学南园东南一隅，是一座独立的小院，院内一幢青砖白门白窗的西式两层小楼整洁完好。

　　此处是1932—1938年间德国西门子公司驻南京代表处代表约翰·拉贝先生的住宅。1932年夏，拉贝与金陵大学农学院院长谢家声签协议，由学校建一座集办公和居住于一体的房屋出租给拉贝。拉贝全家在这里生活了7年。

　　1937年12月，侵华日军攻占南京前，拉贝被推选为南京安全区国际委员会主席。拉贝及其领导的委员会成员，在中华民族的危急时刻，出于正义感和仁爱之心，置个人安危于不顾，尽全力保护处于日军暴行恐怖下的中国军民，拯救了25万中国人的生命。

　　南京沦陷后，这里成为南京安全区25个难民收容所之一，这个小院就保护了600多位难民免遭日军杀害。拉贝目睹日军暴行，在这里写下了著名的《拉贝日记》。

　　在旧居院子的西南角，有个模拟拉贝当年自己设计修筑的防空洞。东北角的平房曾是西门子公司驻南京办事处，也是拉贝的办公室。

约翰·拉贝
（John Rabe，1882—1950）

　　参观指南：此处亦为拉贝与国际安全区纪念馆，全国重点文物保护单位，对外开放（周一至周五），免费参观（入口处需登记）。该处临近地铁1号线珠江路站1号出口。

中山路291号
三民主义青年团
中央团部大门

推荐参观指数：★

三民主义青年团简称"三青团"，中央团部办公建筑建于 1935 年，现已荡然无存，唯大门依然耸立。大门为平顶，三开门，门楼正上方镶嵌有"亲爱精诚"四字，为蒋介石手书。"亲爱精诚"是孙中山先生提出的黄埔军校校训。

参观指南：该处位于鼓楼医院急诊东门前，近地铁 1 号线鼓楼站。

左页

1935 年建成，为国民政府最高司法行政机关——司法院院址，院内除司法院外，司法行政部、中央公务员惩戒委员会也在此办公。该处原有 1 幢西式三层大楼，楼前有 2 个对称的大花园，是民国建筑中不可多得的典范。

大门为欧式古典风格，分为三开间，中间略窄，两边较宽。8 根多立克柱支撑起门楼，庄重典雅。门楼中部凸起，中央立国旗，气势非凡。

可惜 1949 年 4 月 23 日夜，司法院所有建筑都毁于大火，只留下了一座孤零零的大门。

参观指南：该处现为南京供电公司所在地，毗邻新纪元大酒店，近地铁 1 号线珠江路站。

1892楼

1892楼内景

1892 年，美国基督教会在此创办医院，首任院长是马林，所以又称"马林医院"。它是中国最早建立的西医医院之一，是今南京鼓楼医院的前身。

鼓楼医院完好地保留着 3 幢马林医院旧址建筑，根据其建成年代，分别叫作 1892 楼、1917 楼和 1920 楼。

最早落成的是 1892 楼，为当时的病房和门诊楼，美国殖民地建筑风格，楼南面正中门楣上镌刻有"基督医院""光绪十八年"和"A.D.1892"字样。现为鼓楼医院历史纪念馆。

1917 楼是当时的门诊、药房和化验室，1920 楼是当时的病房楼，现为办公用房。

1892 楼、1917 楼、1920 楼围成一个小院，在每天都门庭若市的鼓楼医院中独享幽静。

马林（W. E. Macklin）出生于加拿大安大略省，毕业于多伦多大学医科，1886 年受基督教会派遣来到南京，创建了马林医院。1947 年与世长辞，享年 87 岁，他将一生中的黄金年华献给了医院。2012 年，美国前总统卡特受邀来鼓楼医院，为马林雕像揭幕。

参观指南：该处位于鼓楼医院 1 号门内，临近地铁 1 号线鼓楼站 1 号出口。

下面该参观非常重要的一处民国建筑遗存——金陵大学旧址了。金陵大学旧址位于今南京大学鼓楼校区内，从马林医院旧址出来，我们可进南京大学汉口路校门，也可进天津路校门，还可进广州路上的南园南门参观。南京大学鼓楼校区内的民国建筑各具特色，故以下逐一介绍，其分布图见右页。

南京大学鼓楼校区北园内的民国建筑有：

汉口路22号 金陵大学北大楼（第406页）。

汉口路22号 金陵大学东大楼（第408页）。

汉口路22号 金陵大学东北大楼。位于天津路校门内左手，在东大楼的北面，墙面布满爬藤植物。现为校办工厂使用。

汉口路22号 金陵大学西大楼（第409页）。

汉口路22号 金陵大学图书馆（第410页）。

汉口路22号 金陵大学小礼拜堂。也称"小礼堂"，位于图书馆北侧，建于1923年，齐兆昌设计，歇山顶单层建筑，状似南方小庙，精巧灵秀。

汉口路22号 金陵大学礼拜堂（第411页）。

汉口路22号 金陵大学学生宿舍（第412页）。

汉口路22号 健忠楼（第414页）。

汉口路22号 赛珍珠旧居（第415页）。

金银街2号、4号 冈村宁次寓所（第416页）。

斗鸡闸4号 何应钦公馆（第418页）。

汉口路22号 李四光工作室。李四光是我国杰出的地质学家、中国地质事业的奠基人之一和主要领导人。西式两层楼房，位于南京大学鼓楼校区北园西南角、汉口路校门内左手，现为南京大学美术研究院所在地。

汉口路22号 罗根泽旧居。罗根泽，著名古典文学研究专家。西式两层小楼，位于南京大学鼓楼校区汉口路校门内左手，与李四光工作室并排。

南京大学鼓楼校区南园内的民国建筑有：

汉口路9号 中山楼（第420页）。

汉口路9号 金陵大学陶园南楼（第421页）。

校区内的东南楼、西南楼、天文楼、南园8舍、南苑宾馆亦是优秀的历史建筑，大屋顶民族形式，其中有的为著名建筑师杨廷宝设计，但都建于20世纪50年代。

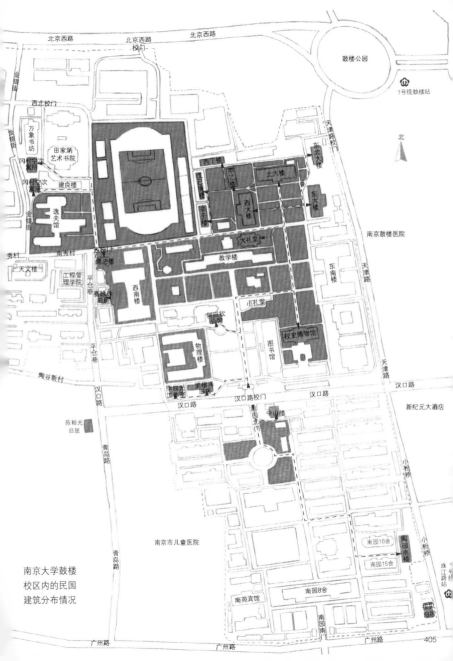

北京西路 北京西路校门 北京西路 北京西路

鼓楼公园

1号线鼓楼站

西北校门

北

万象书坊
田家炳艺术书院
冈村宇南阁
建良楼
冈村宇南次富楼
逸夫馆

内丁楼
甲乙楼
双玄楼
西大楼
国土楼
北大楼
东北大楼
东大楼

大礼堂

南京鼓楼医院

秀村
天文楼
工程管理学院
南秀村
健忠楼
平仓巷
赛珍珠旧居
西南楼

教学楼

东南楼

平仓巷

陶谷新村

物理楼

何应钦公馆

小礼堂

图书馆

校史博物馆

东南楼

天津路

汉口路

汉口路

老四舍 翠棽苑

汉口路校门

汉口路

汉口路

新纪元大酒店

陈裕光旧居

青岛路

南园北门

中山楼

小粉桥

南京市儿童医院

小粉桥

南京大学鼓楼
校区内的民国
建筑分布情况

南园16舍
南园15舍

南园南楼

青岛路

珠江路站

南苑宾馆

南园8舍

南园南

广州路 广州路 广州路

405

汉口路22号
金陵大学北大楼
推荐参观指数 ★★★

金陵大学是私立教会大学，与国立中央大学形成对比。金陵大学采用的建筑形式基本是"中国式"的，代表了西方教会在中国采取的"本土化"策略，与国立中央大学的大部分建筑采用西式相映成趣。

北大楼位于校园中轴线最北端，为金陵大学主楼，时为文学院，建于1919年，由美国芝加哥帕金斯建筑师事务所设计。北大楼是较早探索华洋融合建筑形态的建筑之一，设计者试图以西方建筑的体量为骨，而加之中式外貌。地上两层，在南立面中部，突起一座高五层的塔楼，将大楼分隔成对称东西两半，塔楼顶部又冠以十字形脊顶，饰有脊兽。大楼墙壁用明城墙砖砌筑，清水勾缝，墙面满布爬藤植物，显得古朴厚重。这座塔楼在整个建筑群中起着中心控制作用，类似于西方建筑中的钟楼，体现出西方人的审美情趣。现已成为南京大学标志性建筑，全国重点文物保护单位。

参观指南：该处现为南京大学机关使用，可参观建筑外观。

西大楼位于北大楼的西南侧，时为农学院，当年为纪念农科创办人美国人裴义理而命名为"裴义理楼"。建于1925年，由美国芝加哥帕金斯建筑师事务所设计，建筑师史摩尔（A. G. Small）负责现场指导。大楼底部为明城墙砖砌筑，上部为青砖砌筑，勒脚部位和门窗过梁采用斩毛青石。

参观指南：现为南京大学数学学院所在地，全国重点文物保护单位。

汉口路22号
金陵大学西大楼

推荐参观指数：★★

1925

左页

在北大楼的东南侧是东大楼，时为理学院，外观与西大楼相似，由美国芝加哥帕金斯建筑师事务所设计。始建于1913年，1926年竣工。20世纪50年代遭受火灾，1958年修复，为全国重点文物保护单位。

西大楼

汉口路22号
金陵大学图书馆

推荐参观指数：★★

礼拜堂在西大楼的南面，由美国芝加哥帕金斯建筑师事务所设计。建于1918年，是现存最早的金陵大学老建筑。建筑在造型上模仿中国传统建筑样式，砖木结构，屋顶主体为歇山式，侧面为硬山式，烟色筒瓦屋面，山花、檐口装饰有砖雕和传统纹样。外墙用明城墙砖砌筑，城砖上仍留有铭文印记。礼拜堂是金陵大学校园内细部最精美的建筑之一，设计者试图让中国人在熟悉的传统空间中接受西方基督教的教育，可谓用心良苦。

参观指南：现为南京大学大礼堂，全国重点文物保护单位。

左页

图书馆在北大楼的正南方，与北大楼共同构成金陵大学校园的主轴线。

图书馆建于1936年，由著名建筑师杨廷宝设计。建筑采用钢筋混凝土结构，歇山顶，筒瓦屋面，青砖墙体。平面为十字形，一层中部为主入口，面朝北，两侧为其他阅览及办公用房。

参观指南：该处位于今南京大学图书馆的东侧，现为南京大学校史博物馆，全国重点文物保护单位。

汉口路22号
金陵大学学生宿舍

推荐参观指数：★★

　　建筑位于北大楼、西大楼的西部，呈三合院布局。共有 4 幢，分别称作甲乙楼、丙丁楼、戊己庚楼、辛壬楼，由美国芝加哥帕金斯建筑师事务所设计，建于 1925 年。砖木结构，卷棚式屋顶，筒瓦屋面，外墙用烟色黏土砖砌筑。

　　参观指南：现为南京大学机关和南京大学建筑规划设计研究院使用，全国重点文物保护单位。

汉口路22号
健忠楼

　　该处位于南京大学西校门内右手，在健忠楼的南面，是校园里的一个偏僻所在。

　　小楼始建于 1912 年，坐西面东，西式风格。美国女作家赛珍珠和其丈夫布克 1921—1931 年间任金陵大学教授时居住于此。就是在这幢小楼里，赛珍珠写出了在 1938 年获诺贝尔文学奖的《大地》三部曲等作品。在旧居前，有一座赛珍珠的塑像。

　　参观指南：该处现为赛珍珠纪念馆，基本上不开放，可欣赏建筑外观。

赛珍珠（Pearl S. Buck，
1892—1973）

左页

　　建筑位于南京大学西校门内右手，建于 1912 年，坐南朝北，西式风格。据美国生物化学家、营养学家 James Claude Thomson（1889—1974）的女儿回忆，该楼是其父于 1917 年来到金陵大学化学系任教并担任理学院院长时，其一家的居所。2002 年南京大学百年校庆前夕，因校董、香港实业家林健忠先生捐资修缮，重现了其古朴典雅的面貌，故命名为"健忠楼"。

　　参观指南：现为南京大学体育部使用，可欣赏建筑外观。

金银街2号

　　从南京大学建筑与城市规划学院（即文科楼、建良楼）南面与逸夫馆之间的小路进去走到头，见门口立有"中国思想家研究中心"牌子的小院，即金银街2号。

　　从南京大学建筑与城市规划学院（即文科楼、建良楼）北面与田家炳艺术书院之间的小路进去，见门口挂有"中国文化研究院""慈氏图书馆"牌子的小院，即金银街4号。

　　这两幢花园式别墅建于20世纪30年代，侵华日军中最重要的战犯之一冈村宁次曾在此居住。

　　参观指南：该处一般不对参观者开放，在院外可欣赏建筑外观。该处近南京大学西北校门，临金银街，沿金银街也可欣赏建筑局部外观。金银街4号的北面即知名的独立书店——万象书坊。

斗鸡闸4号
何应钦公馆
推荐参观指数：★★★

斗鸡闸位于南京大学鼓楼校区北园内，古为南京斗鸡游戏之地。后何应钦公馆建造于斗鸡闸 4 号，该楼在斗鸡闸其他建筑消失后通常被直接称为"斗鸡闸"。

公馆始建于 1934 年，西班牙风格别墅。1937 年 12 月毁于战火，1945 年何应钦回南京后在原址重建。现存主楼 1 幢，蓝色琉璃筒瓦，拱形门窗，黄墙砖框。

何应钦（1889—1987），国民党陆军一级上将，1924 年任黄埔军校总教官，抗战后历任参谋总长、中国战区陆军总司令等职。1945 年代表中国政府接受日军投降，时任国民政府国防部部长。

参观指南： 该处现为南京大学国际合作与交流处所在地，可欣赏建筑外观。

汉口路9号
金陵大学陶园南楼

推荐参观指数：★

建于 1933 年，原为金陵大学女生宿舍楼。坐东朝西，外观采用传统宫殿式屋顶，外墙底部为明城墙砖，上为青砖。现为女研究生宿舍，也是南京大学里最后一座仍旧供学生住宿用的民国学生宿舍。

参观指南：该楼位于南京大学南园内东南角，在南园 15 舍和南园 16 舍的东边。该楼南侧临近"小粉桥 1 号 拉贝旧居"。

左页

建于 1912 年，为西洋风格的两层别墅。南面入口处有柱式门廊，黄墙红顶引人注目。虽历经百年，风貌依旧。据传孙中山辞去临时大总统职务后一度居于此。

参观指南：建筑位于南京大学南园北门内左手，临汉口路，现为南京大学华智研究中心使用。

在南京大学鼓楼校区西侧，陶谷新村、南秀村、金银街，再加上青岛路，形成一个温馨的怀抱，在闹市中执着于生活的恬静与闲适，散发着市井与清新融合的独特气息。这里是南大学子和文艺青年出没最多的地方之一，而且隐藏着许多民国建筑。

在汉口路的西端，可参观：

汉口路 71 号 陈裕光旧居（第 424 页）。

汉口路 75 号 冯轶裴公馆。冯轶裴曾任国民政府警卫军军长，1931 年病故。建筑位于居民大院内，为 2 幢对称的西式楼房，院门开放。

陶谷新村是南大西侧一条不太起眼的狭窄小巷，东起青岛路，西至上海路。这条仅400 米长的老巷，两旁密布餐馆、咖啡店、甜品店和小书店，于小资气质中又带有点书香。沿途可参观：

陶谷新村 2 号 王崇植公馆。王崇植曾任国民政府青岛市工务局局长、南京市社会局局长、天津开滦矿务总局经理。

陶谷新村 4 号 李范一公馆。李范一为国民政府安徽省建设厅厅长。该处现为私房菜馆，口味不错，我们尝过。

陶谷新村 4—3 号 万国鼎公馆。万国鼎为原金陵大学教授。该处位于陶谷新村 4 号的西侧，被临街居民楼所遮挡，但能找到。与其并排的陶谷新村 4—2 号亦是民国建筑。

陶谷新村 15 号 王文彦公馆。王文彦是国民党要员何应钦的妻弟，曾任国民党第三十七集团军副司令，陆军少将。

陶谷新村 17 号 郝钦铭寓所。郝钦铭为原金陵大学农学院教授，我国早期著名棉花栽培育种专家。建筑保存完好，院内的桂花、枇杷树也都是民国遗存。

陶谷新村 19 号 华印椿旧居。华印椿为原金陵大学教授，我国著名珠算学家，是数学家华罗庚的老师，院内还立有华印椿雕像。该房产是华印椿从陶谷新村 17 号的主人郝钦铭手中购得的，在 17 号、19 号门头上有著名书法家胡小石手书"修身""齐家"大篆匾额。

从青岛路和上海路都可进入陶谷新村，其上海路那头距地铁 4 号线云南路站约 500 米。

而在陶谷新村以北那片静谧、清幽的所在，还可参观：

平仓巷 5 号 陈裕光公寓。该处是陈裕光任教金陵大学时住过的公寓，位于西校门旁、南京大学工程管理学院内，在门口就能看见掩映在绿树丛中的屋顶。

南秀村 7 号 胡铁岩公馆。胡铁岩曾任国民政府行政院会计处处长、中央大学教授。

南秀村 29 号民国建筑（第 425 页）。

金银街 19 号 刘健群公馆／法国大使馆。该处产权人为国民政府立法院副院长刘健群，1947—1949 年出租给法国驻华大使馆使用。建筑位于居民大院内，编号为"5 幢"。

在青岛路上，可参观：

青岛路 33—1 号 冈村宁次寓所（第 426 页）。

青岛路 33—2 号 司徒雷登寓所（第 427 页）。

由该处沿小路西行上坡，即可至上海路坡顶。

在上海路坡顶的东侧，附近可参观：

上海路 82—1 号 马轶群公馆。马轶群曾任国民政府工务局局长，1949 年前定居法国。

上海路 82—4 号 徐道邻公馆。徐道邻系皖系军阀徐树铮之子，曾任国民政府行政院政务处处长、中央大学教授。

上海路 82—9 号 美国大使馆新闻处。此为美国驻华大使馆最初的馆址，抗战胜利后，美国大使馆馆址迁至西康路 33 号，该处馆舍改为新闻处。建筑位于今上海路 82 号居民小区内，原有 3 幢主楼，现仅存 1 幢，已空置。

上海路 88 号 楼桐荪公馆。楼桐荪曾任国民政府立法委员、中央委员。

过街，在上海路西侧坡上，可参观：

合群新村 6 号 张道藩公馆（第 430 页）。

合群新村 7 号 秦汾公馆。秦汾是著名数学家，曾任国民政府财政部会计司司长。

合群新村 9 号 丁治磐公馆。丁治磐曾任国民党第二十六军中将军长、末任江苏省政府主席。

合群新村 11 号 邓树仁公馆。邓树仁曾任国民政府国防部工程司司长。2 幢建筑为同一风格，位于大杂院内，大门开放。

南东瓜市 1 号 美国大使馆（第 431 页）。

南东瓜市 3 号 荷兰大使馆（第 432 页）。

南东瓜市 20 号 李品仙公馆。李品仙，陆军二级上将，曾任第十战区司令长官，率部对日作战。高墙深院，看不见建筑。

这样一路走来，就到了另一处重要的民国建筑遗存——金陵女子大学旧址了：

宁海路 122 号 金陵女子大学（第 434 页）。

在金陵女子大学旧址北侧的汉口西路，可参观：

汉口西路 130 号 晏瑞麟公馆 / 捷克大使馆（第 438 页）。

汉口西路 132 号 傅抱石故居。1949 年前是程天放寓所，程天放历任浙江大学校长、四川大学校长、民国首任驻德国大使。依山而建的西式两层别墅，亦是著名画家傅抱石先生晚年生活和创作的地方。1963 年，傅抱石迁到此处居住，1965 年在此与世长辞。该处现为傅抱石纪念馆，常年免费开放。

看完这处，可就近找一条北侧的小巷（山阴路或匡庐路），进入另一片有特色的区域。

汉口路71号
陈裕光旧居

推荐参观指数：★★

　　这幢特别招人眼的小洋楼，原本是南京大学"世界最长寿教授"郑集的故居，如今明亮的绿和跳脱的红，让它摇身一变为风情酒吧。建筑已重新粉刷过，但仍保留着民国遗风，既古典又时尚。

左页

　　与周边嘈杂喧闹的环境相比，这处独立的院落，显得从容而宁静。院内正中有一幢三层西式小楼，小楼南侧是一大片草地。这里是中国近代教育家、化学家，当了金陵大学24年校长的陈裕光先生的旧居，1927年陈裕光出任金陵大学校长后，就住于此。

　　该处原为陈裕光父亲的私宅，建于1920年。1988年，在陈裕光去世的前一年，他决定把自己这处住宅捐给爱德基金会，用于教育和慈善事业。小楼现已修葺一新，院内干净整洁，护理精心，室内纤尘不染。

　　参观指南：该处现为爱德基金会所在地，对参观者一般不开放，但院门常开，在门口可欣赏建筑外观。

  青岛路 33—2 号，高墙深院，树木葱茏，几乎看不见建筑。资料记载，院内有 1 幢西式带阁楼的三层别墅。

  1946 年 7 月，司徒雷登接替詹森出任美国驻华大使后，把大使馆搬迁到了西康路（也就是今西康宾馆），他本人则选择青岛路此处作为公馆。1949 年南京解放之时，有解放军战士进入他的寓所，大致就是这所宅院，经过一番交涉，战士们都礼貌地退出了。后来几乎没人近距离见过这幢建筑。一个偶然的机会，我们来到它面前，原来早已人去楼空。垃圾遍地，野狗围转，不过徐老师还是淡定地拍摄了这组难得的画面。

左页

  青岛路是一条短短的北高南低的小巷，青岛路 33 号现为华达宾馆。从宾馆大门进，穿过大院，右转，在宾馆大楼北侧，可见青岛路 33—1 号、33—2 号两座并肩相连的大院，铁门紧闭，颇显神秘。两座大院内各有 1 幢三层西式主楼。

  这两座大院本为一体，系何应钦之弟何辑五于 1928 年任国民政府监察院监察委员期间所购置，后因需要划分成两个院落。东侧的 33—1 号，抗战时期曾是侵华日军主要战犯冈村宁次的寓所，抗战结束后曾租给励志社招待所使用。20 世纪 50 年代，陈毅元帅曾在此居住过。

司徒雷登寓所内景，因大家都没见过，故多展示一点给大家看看。楼上楼下这气派、这做工，难怪徐老师一边拍摄一边慨叹：何谓"豪宅"？这才叫豪宅啊。

合群新村6号
张道藩公馆

推荐参观指数：★★

建于1937年，1945年后为美国驻华大使馆公寓区，美国驻华大使司徒雷登曾在此居住。现存2幢主楼，西式风格，相同格局，为对称形，中置楼梯入口，米黄色墙面，掩映在一片高大的绿树之下，环境宜人。

这两幢楼原本是两层，全部为钢窗。1949年变为幼儿园后翻新过，同时加盖了三楼，不过颜色还是保留原来的黄色。

参观指南：该处现为南京市第二幼儿园，对参观者不开放，在门口可欣赏建筑外观。

日军扯下美国大使馆的星条旗，摄于1941年

左页

张道藩（1897—1968）曾任国民党中央宣传部部长。

建筑三层，有地下室。据蒋碧微回忆录记述，1937年8月，日本扬言要对南京实施全面轰炸，为躲避日军空袭，徐悲鸿与妻子蒋碧微、"天狗会"旧友一起住进合群新村张道藩家中，应该就是此处。

参观指南：现空置，院门常关，不对外开放。

　　南东瓜市3号民国建筑地处南京古南都饭店的后院，作为饭店的办公楼，藏身在高楼大厦背后，鲜为人知，但它是中国第一代建筑师代表人物张光圻（qí）的作品。

　　张光圻（1897—？）毕业于美国康奈尔大学建筑系，是最早一批赴国外留学深造后回国的中国建筑师，他与庄俊、范文照、吕彦直等人发起成立了第一个中国建筑师自己的组织"中国建筑师学会"。

　　该处原为张光圻的私产，1934年，张光圻置地并设计建造楼房1幢、花园1座。主楼高两层，现代派风格，建筑布局不对称，北面呈阶梯状起伏，西北角有一个房间突出，黄色水泥拉毛墙面。抗战胜利后转卖给荷兰驻华大使馆，作为馆舍和大使一家的居所。1949年后加盖扩建为三层，原先的平屋顶也被改为了坡屋顶。

　　参观指南：该处毗邻"南东瓜市1号 美国大使馆"。现已修缮一新，在饭店后院门外可欣赏建筑局部外观。

100号楼

200号楼

10号楼

金陵女子大学旧址位于今南京师范大学随园校区内，它被称为"东方最美丽的学府"。一座座掩映在绿树丛中矗立了近1个世纪的民国建筑，不仅频频出现在电影、平面杂志里，也是本地人喜欢带外地朋友欣赏的"景点"。

1921年，金陵女子大学创始不久，校方特意聘请当时在中国非常有名的美国建筑师墨菲设计校舍，中国建筑师吕彦直担任其助手。1923年建成7幢宫殿式的建筑，分别是会议楼（100号楼）、科学馆（200号楼）、文学馆（300号楼）及4幢学生宿舍（400号楼~700号楼）。1934年，又建成了图书馆和大礼堂。

600号楼

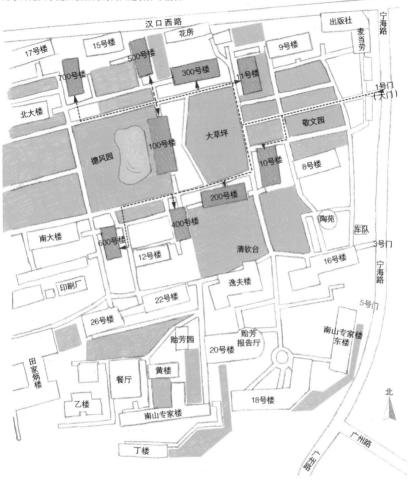

　　整个校园建筑充分利用自然地形，按照东西向的轴线布置，工整对称。由大门起，一条东西向大道通向宽阔的大草坪。以大草坪为中心，100 号楼与 200 号楼、300 号楼围合成矩形方院。100 号楼是轴线上的主体建筑，主楼后是另一处更开阔的院落，有人工湖泊，配以艳花垂柳，别有洞天。轴线借西面的小山丘作为尾声，以在丘顶制高点建一中式楼阁（现已不存）结束。整条轴线很好地运用了"起承转合"的手法，在不长的轴线上使空间序列有序曲、铺垫、高潮、尾声，达到一种理想的艺术效果。

金陵女子大学鸟瞰图（吕彦直手绘，1920年）

墨菲对研究中国建筑甚感兴趣，他曾说："中国建筑艺术，其历史之悠久与结构之谨严，在在使余神往。"金陵女子大学的建筑创作，表现了他对中国古典建筑的理解方式。

在运用新型结构和材料的基础上，如何创造中国古典式样的建筑，墨菲做了尝试和突破。整组建筑群，造型均是中国传统宫殿风格，而结构和材料则采用了西方先进的钢筋混凝土。墨菲的另一个探索是对斗栱的大胆运用，在建筑的檐下安置了一圈钢筋混凝土斗栱。墨菲对门的处理亦独具匠心，采用混凝土的西式方框，而门簪、雀替和抱鼓石的装饰却很好地体现出中国传统的韵味。值得一提的是，建筑物之间以通透的游廊自然衔接，这种别出心裁的做法，增进了空间层次，又使空间更加贴近人的尺度，行走在廊中，有一种奇妙的空间感受。

1923年，新校舍落成，墨菲的作品受到校方的赞誉，认为它是将中式建筑风格用于现代建筑的典范。

原大礼堂即 10 号楼，现为随园音乐厅。原图书馆即 11 号楼，现为华夏图书馆。100 号楼现为会议室和接待室。200 号楼现为国际文化教育学院。300 号楼现为学校保卫处。400 号楼、600 号楼现为社会发展学院。500 号楼现为外国语学院。700 号楼现为外国语学院学术研究中心。

参观指南：校园对外开放，最好由宁海路上的 1 号门（大门）进校参观。宁海路上的 3 号门、汉口西路上的 4 号门（后门）也可进校。部分建筑可入内参观。

墨菲（Henry Killam Murphy，1877—1954）

汉口西路130号
晏瑞麟公馆/捷克大使馆
推荐参观指数：★★

"汉口西路以北，北京西路以南，宁海路以西，西康路以东"，是除了颐和路公馆区外，另一片民国时期上流阶层聚居的公馆住宅区。这片区域保护得没有颐和路公馆区那么好，很多旧居已经拆建成现代居民楼了，但仍留有着多处民国名人寓所。

区域内的道路纵横交错，且不是那么横平竖直的，往往多条道路以一个街心小广场放射出去，蜿蜒曲折，极易绕晕。为此，我们绘制了这片区域的道路示意图（第441页）。凭借此图，顺门牌号数过去，捎带问问路边的居民，就一定找得到。

大方向上，由南往北，该区域内的民国建筑有：

剑阁路27号 邵力子旧居（第442页）。

剑阁路44号 胡梦华公馆。胡梦华，民国时期任河北省政府秘书长、天津市社会局局长。

匡庐新村12号 中华全国体育协进会办公处旧址。该机构即民国时期的中国奥委会，当年的门牌是"剑阁路7号"。原建筑已不存，现为居民楼，门口有一块纪念铭牌。

苏州路16号 郭锦璧公馆。郭锦璧曾任国民政府最高法院民事庭庭长。建筑东南侧有圆形内廊，4根西洋雕花圆柱承托二楼圆形露台，造型美观。现为居民大院，院门开放。

武夷路4号 李士伟公馆。李士伟，抗战前任南京中央医院妇产科主任，抗战后任山东大学医学院院长。建筑由著名建筑师杨廷宝设计，中国古典民族风格，1949年前曾由英国文化协会租用。

武夷路6号 冯若飞公馆。冯若飞曾任国民党元老张群的私人秘书。

武夷路11号 孙科旧居。原产权人为国民政府资源委员会委员黎始信，抗战期间此处被伪满洲国"大使馆"占用，抗战胜利后由孙科居住。孙科是孙中山长子，曾任国民政府考试院、行政院、立法院院长。临街的是建筑背面，其大门在武夷路南侧支巷里。

武夷路12号 徐祖贻公馆。徐祖贻为国民党中将，抗战全面爆发后出任第五战区参谋长。

左页

在汉口西路132号傅抱石纪念馆东侧，两幢居民楼之间，有个不起眼的铁门，门内是长长的台阶坡道。沿台阶上至坡顶，大树下，一幢西式两层楼房跃然眼前，脚下地面布满绿色的青苔。

此处原为国民党高级官员晏瑞麟的私宅，建于1945年。1947年9月，捷克政府任命李立克博士为首任驻华特命全权大使，租用该处为使馆馆址，1950年4月退租。南部原为花园，今为新建楼房。

参观指南：该处现为民宅，前面为居民楼所阻挡，故沿汉口西路看不见它。没事，可大大方方地进院参观。

武夷路 13—1 号 意大利大使馆。原为梁定蜀公馆，建于 1937 年，两层西式花园小楼，外墙灰色水刷石饰面，由著名建筑师徐敬直设计。1935 年 9 月，意大利政府将驻华公使馆升格为大使馆，任命马亚谷诸为首任驻华特命全权大使，当时的大使馆馆址在铁管巷。二战期间，国民政府与意大利政府断交。1946 年 10 月，国民政府与意大利政府恢复外交关系，意大利政府任命冯雅德为驻华特命全权大使，并租用该处为大使馆馆舍，1950 年退租。现保存完好，但花园面积已大为缩小。其门牌在武夷路南侧支巷里、"孙科旧居"大门对面。

武夷路 16 号 冯衍公馆。冯衍曾任远征军司令长官部少将副参谋长、东南亚盟军受降仪式中国代表。

武夷路 17 号 萧友梅旧居。萧友梅在上海创办了中国第一所新型音乐高等学府 ——国立音院（上海音乐学院前身），成为中国近代音乐教育之父。

武夷路 22 号 钱天鹤公馆。钱天鹤是中国现代农学先驱者之一，曾任金陵大学农科教授，抗战时期曾任国民政府农林部次长。

玉泉路 1 号 谷正鼎公馆。谷正鼎曾任国民党中央组织部部长，与兄谷正伦、谷正纲并称国民党的"一门三中委"。白色两层小楼，位于今学校大门内右手。

扬州路 18 号 苏联大使馆。原为童季龄公馆，两层西式花园小楼。抗战胜利后，苏联大使馆租用此处，1949 年后退租。其扬州路的开门早已被封，被围入玉泉路 1 号的学校大院之内，位于操场西侧，现为学校用房，保存完好。建筑南侧被临街居民楼所遮挡，扬州路上无此门牌。

钱塘路 12 号 黄杰公馆。黄杰，国民党中将，历任国防部次长、湖南省政府主席、第一兵团司令。

天目路 2 号 李正翱公馆。李正翱，细菌学家，曾任南京陆军医学院血清研究所所长。该处离地铁 4 号线云南路站 1 号出口最近（约 500 米）。

天目路 6 号 毛燕誉公馆。毛燕誉曾任浙江大学电机系教授，抗战胜利后在国民政府交通部钢铁配件厂任厂长、技师室主任等职。

天目路 8 号 刘献捷公馆。刘献捷，军阀刘镇华之子，曾任国民党第十五军中将军长，在抗日战争的洛阳保卫战中表现突出。后移居美国，并在哥伦比亚大学任教。

天目路 10 号 张绍高公馆。张绍高抗战前任国民政府京沪铁路局工程师。

天目路 13 号 李方桂公馆。李方桂，著名语言学家，被誉为"非汉语语言学之父"，后加入美籍。建筑位于今居民大院内，铭牌标注为"李信寓所"，可进院参观。

天目路 14 号 刘延伟公馆。刘延伟曾任国民政府军需处长、陆军总部预算科科长。该处门牌在天目路北侧支巷内。

天目路 18 号 郑介民公馆（第 443 页）。

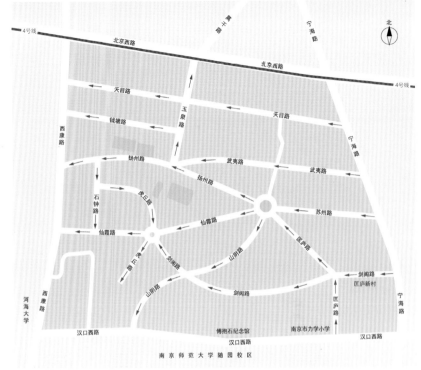

天目路风貌区道路示意图（图中箭头表示门牌号码从小到大的方向）

　　天目路 26 号 徐凤鸣公馆。徐凤鸣抗战时期任国民政府航空委员会经理处处长、陆军军官学校经理处少将处长。

　　天目路 28 号 蒋怡庵公馆。蒋怡庵为国民政府最高法院推事。

　　天目路 30 号 崔唯吾公馆。崔唯吾曾任国民党国防委员会新闻检查处少将副处长、上海《时事新报》《大晚报》和申时电讯社三社总经理。建筑一楼南侧设圆柱小门廊，上为半圆形露台。1949 年前曾租予苏联大使馆使用。

　　天目路 32 号 亚明旧居。原产权人为国民政府监察委员李世军。1982 年，原江苏省国画院副院长亚明购得此宅，居住至去世。现已修缮一新。

　　天目路风貌区的北侧即北京西路和颐和路公馆区，与前述"向西第二条参观路线"完美吻合，什么也没遗漏少看，对吧。

在北京西路南侧，与北京西路平行，有一条东西向起伏小路，唤作天目路。天目路自宁海路起沿坡而上，然后缓慢下行，穿过玉泉路，直到西康路。幽静小巷，一路逶迤，两侧现存28幢民国时期的花园式住宅，如今明确标注房主名字的有郑介民、刘献捷、李信等。

前面讲过，特务巨头郑介民在南京有数处私宅，一处在梅园新村44号，一处在桃源新村13—14号，一处在牯岭路22号，现三处均保存完好，而天目路18号也是他的府邸。

参观指南：现为私宅，不对外开放，沿天目路站得高一点，可远观建筑一角。

天目路18号
郑介民公馆
推荐参观指数 ★★

左页

旧居建在半坡上，民国时不多见的现代建筑风格，建于1935年。

邵力子（1882—1967），国民党元老，著名爱国人士，一生为促进国共团结合作而奔走，素有"和平老人"之称。

旧居旁就是邵力子夫妇共同创办的力学小学。1947年，他与夫人傅学文出资办学，从两人名中各取一字为该校冠名，日后成为南京市一所顶尖名校。

参观指南：现为私宅，不对外开放。临剑阁路的是其北面（即背面），没什么看头。若从其西侧的剑阁路27—1号大院门进去，绕过居民楼，可欣赏其南面局部外观。左页的全景是从力学小学内俯瞰，比较稀见。

向南参观路线

本条路线涵盖了中山东路—新街口—汉中路以南的广阔城南地区，最南处至"应天大街 388 号 金陵兵工厂"为止。

如果你摊开一张南京地图，会发现：以中山东路—新街口—汉中路为界，除了教堂、重要民国建筑基本上都在这条轴线的北面。原因在于民国"首都计划"把城北定为行政、文教区，城南定为居住区。所以，南京虽然有很多民国建筑，但绝大多数集中在城北的鼓楼、玄武两个区，城南的民国建筑相对较少。城南的民国建筑多为砖木结构的老旧民宅，分布比较散乱，难以有组织地串连成一整条参观路线。我们以几条南北向干道为界，划分成几条平行的路线，大体上由东向西、由北向南推进，尽量方便大家寻访。

先说说龙蟠中路以东的民国建筑。龙蟠中路是南京城东的南北向主干道，这几处建筑大都临街，或距主干道不远。若从中山东路 / 龙蟠中路路口（即地铁 2 号线西安门站）出发，由北向南行进，沿途可参观：

龙蟠中路 218 号 明故宫机场（第 446 页）。始建于 1927 年，因地处明故宫遗址上，故名。

明故宫机场的位置大抵在龙蟠中路以东、瑞金路以北区域，现在的瑞金路即当时的机场跑道。在龙蟠中路 218 号中航科技大厦南面，沿龙蟠中路就能看到 1 幢两层民国建筑，平面呈"山"字形，坡顶，这是当年的飞行员俱乐部和机场办公场所，现已整修一新。向里走，左手的围墙内，可以看到 1 幢外形独特的单层建筑，黄色外墙，形状八面，俗称"八角楼"，曾是当年机场的导航指挥台。而在"八角楼"的北面，3 座体量巨大的民国工业建筑一字排开，曾是 3 座机库，后予以连接加建，如同一座巨大的厂房。在"八角楼"的南面，还有 1 幢白色平顶的两层建筑，亦为机场附属建筑。

由明故宫机场旧址，沿龙蟠中路向南约 600 米，临街可参观：

公园路 42 号 江苏省立南京公共体育场。建于 1917 年，是南京历史上最早的公共体育场。现为南京市体育运动学校，除运动场外，已看不出遗迹。

由该处再向南不远，可参观：
体育里 7 号 国民政府国史馆（第 448 页）。

再往东南约 5 千米，可参观：
大校场路 1—9 号 美龄楼。位于大校场机场旧址内，两层西式小楼，立面装饰具有典型的民国风格。据说，这座小楼是宋美龄的专用候机室。现为私人会所，内部已改造。其西北侧还有"红花机场别墅"等遗迹。此处比较偏远，可去可不去的。在手机地图里输入"美龄楼"即可定位。

龙蟠中路以东比较值得参观的民国建筑就这几处，探访结束即可就近乘公交返回出发地；或选择路口过街，我们去参观龙蟠中路以西的民国建筑。

飞行员俱乐部

446

机库

机库内部

附属建筑

"八角楼"

　　明故宫机场，也称得上是南京最有故事的机场：

　　1931年11月19日，诗人徐志摩在这里登机飞赴北平，不料2个小时后，飞机在济南上空坠毁，徐志摩身亡。

　　1936年12月西安事变后，张学良送蒋介石回南京，飞机就在明故宫机场降落。刚落地，张学良就被扣押，送往北极阁宋子文公馆，开始了其长期囚禁生涯。

　　1949年4月23日上午，代总统李宗仁匆匆来到明故宫机场，登上"追云号"专机飞离南京。当天，人民解放军渡过长江，解放南京。

　　1956年后，明故宫机场渐渐淡出了历史舞台。

　　参观指南：该处位于今中航科技城内，临近园区西北门，距其最近的地铁出口是2号线西安门站3号口（约700米）。目前除飞行员俱乐部建筑已整修出新外，皆处于废弃空置状态，可欣赏建筑外观。

体育里7号
国民政府国史馆

推荐参观指数：★

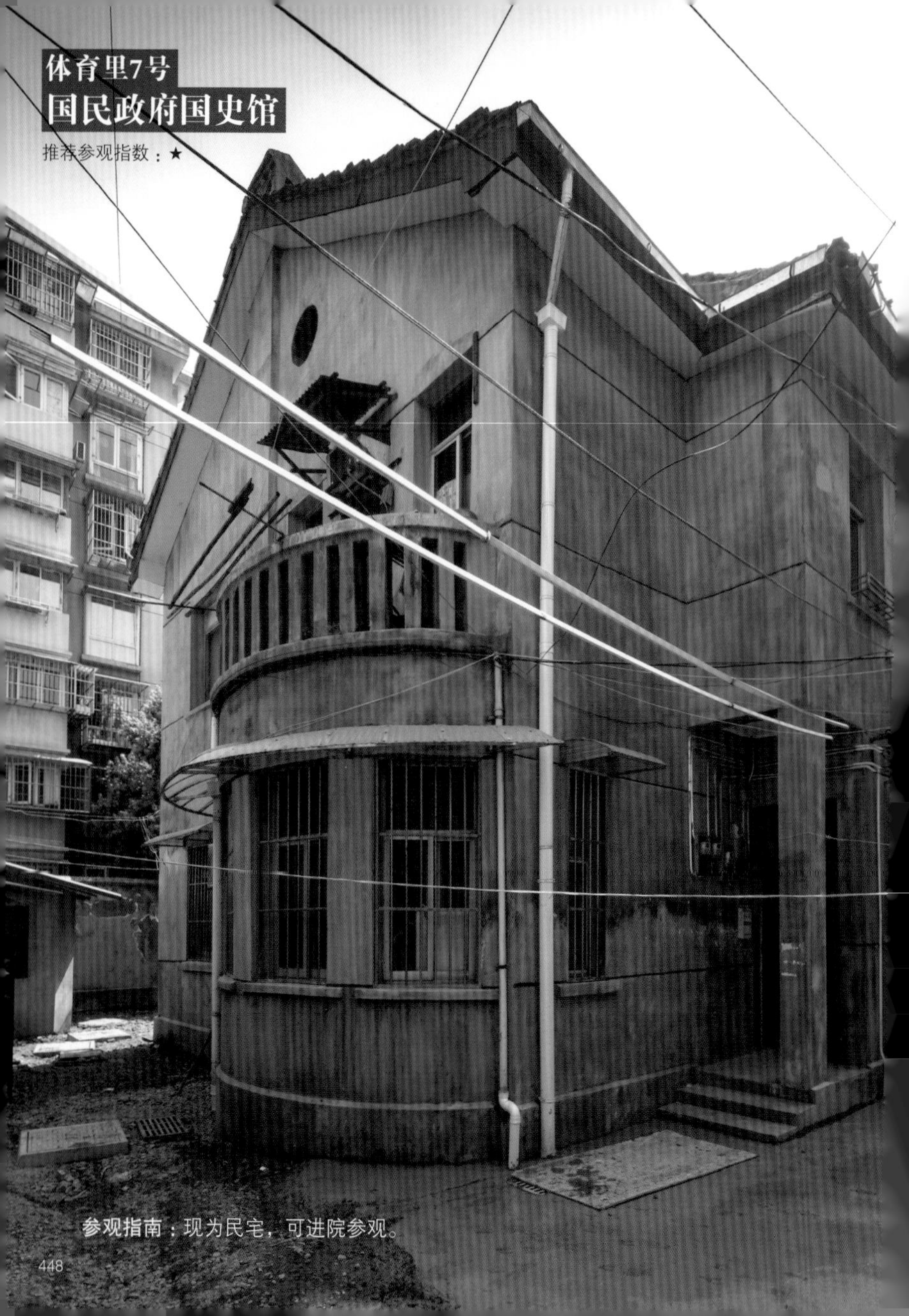

参观指南：现为民宅，可进院参观。

现在，我们来到龙蟠中路西侧，选择的参观道路是长白街。若你的出发地是总统府，则由总统府大门前向东，过六朝博物馆，不进汉府街而转弯向南，一样也进入了长白街。

长白街为南北走向。若从中山东路／长白街路口出发，由北向南行进，在长白街的西侧，可参观：

利济巷 2 号 利济巷慰安所旧址（第 450 页）。

利济巷 30 号 天山协会（第 451 页）。

大杨村 20 号民国建筑群。该处位于大杨村小巷中部，现存临巷并排 4 幢三层日式和风洋楼，其半圆形和方形阳台饰有水泥线脚，颇有特色。抗战胜利后，曾为国民政府交通部下属南京电信局员工宿舍。

在长白街的东侧，可参观：

树德里民国建筑群。现存 3 排两层日式公寓，前两排为联排住宅，设有梯形凸窗阳台。抗战胜利后，曾用作总统府职员宿舍，且国民党高级将领黄绍竑、邱行湘，韩国独立运动家金奎植、著名画家魏紫熙、著名书法家沙孟海等名人都在这里居住过。建筑群位于长白街北端的"中山东路小区"内，对外开放。

仁寿里 18 号、20 号、24 号 张灵甫公馆（第 452 页）。

仁寿里 22 号 马步芳公馆（第 453 页）。

六合里 3 号 高二适旧居。原为国民政府立法委员杨幼炯寓所，1948 年，著名学者、书法家高二适迁居于此，直至 1977 年去世。该处位于仁寿里北面的窄巷里，现为多户共居的民宅，院门开放。

常府街 28 号 陈果夫、陈立夫公馆（第 454 页）。

复成新村民国建筑群（第 456 页）。

复成新村 14 号 邱清泉公馆（第 457 页）。

再往南下去，还有几处民国住宅，因可看性一般，就不介绍了。

复成新村北临常府街，参观完复成新村，即可沿常府街一路向西，我们去寻访下一条路线——太平南路。

左页

由南京市体育运动学校向南，约 200 米，在龙蟠中路／八宝前街路口，进八宝前街，约 150 米，左手的大光路社区卫生服务中心旁，有一居民大院，名"公园新寓"。大院内又有一小院，国民政府国史馆就位于此小院内，3 幢小楼布局呈鼎足之势，故又称为"鼎园"。1947 年国史馆正式成立后，在鼎园设署办公。国史馆负责接收整理各机关档案史料，编纂中华民国大事年表草稿、中华民国开国英烈和抗日战争阵亡烈士事迹等史料。

利济巷就在中央饭店对面，是连接中山东路和科巷的一条小巷。在这条 200 多米长的普通小巷中，隐藏着亚洲规模最大、保存最完整的侵华日军慰安所旧址，也是唯一一处经在世慰安妇指认的慰安所建筑。

利济巷30号
天山协会
推荐参观指数：★

天山协会原称"新疆省建设协会"。民国后期，天山协会与蒙藏委员会曾在此办公。现存一幢砖木结构两层楼房，建筑风格颇具特色，造型方正端庄，上下两层均设有拱券前廊，入口门前遗存有一对石狮。

参观指南：建筑位于"利济巷2号 利济巷慰安所旧址"北侧，东临长白街。现已修缮一新。

左页

旧址由8幢淡黄色的两层建筑组成，原由国民党少将杨春普于1935—1937年间陆续建造。1937年底，日军占领南京后，将此处改造为"东云慰安所"和"故乡楼慰安所"，数十名朝鲜、中国籍妇女曾在此沦为慰安妇，惨遭日军蹂躏。2015年12月，在原址上修复建成的南京利济巷慰安所旧址陈列馆正式对外开放，它用大量史料提醒人们不要忘记那段充满泪水和悲伤的历史。

参观指南：陈列馆实行预约参观，预约参观对象为18岁以上人群，预约方式为网上和电话预约，开放时间是9:00—16:30，周日、周一及法定节假日闭馆。距该处最近的地铁出口是2号线大行宫站3号口（约450米）。

仁寿里18号

该处和张灵甫公馆邻居，院门为中式歇山顶，彩绘筒瓦门头，古朴典雅。如今虽是私宅，大门紧闭，但隔着院墙仍能望见院中花木扶疏，以及被绿树遮掩的两层小楼。小楼建于1935年，欧洲别墅式建筑，外墙下半部分为青砖，上半部分是黄色拉毛墙面，钢门钢窗。

马步芳（1903—1975）是民国时期西北地区军阀马家军重要人物，曾任青海省政府主席、西北军政长官公署长官，被称为"青海王"。

**仁寿里22号
马步芳公馆**

推荐参观指数：★

左页

仁寿里位于三条巷和四条巷之间，是一条不足200米长的小巷。在小巷的中段，有一个呈"冂"形的里弄。里弄里坐落着仁寿里18号、20号、22号、24号四个相连的院落，各藏着一幢民国小楼。其中，18号、20号、24号曾是国民党整编七十四师师长张灵甫的公馆，建于1935年。3幢小楼均为欧洲别墅风格，外墙下半部分为青砖，上半部分是黄色拉毛墙面。

张灵甫（1903—1947）一生颇具传奇色彩，他也是在文学影视作品中出现频率很高的国民党将领。

参观指南：该处现为私宅，仁寿里18号大门不开放，20号、24号大门有时开放，可进院参观。仁寿里22号是另一个国民党高级将领、青海省政府主席马步芳的公馆。

西楼

东楼

陈果夫、陈立夫公馆位于车水马龙的常府街，在三条巷和四条巷之间。

如今的常府街28号，临街的是中国农业银行南京玄武支行大楼。大楼东侧有条小巷，从这条小巷进去，向大楼背后院内深处走去，才能看到隐身闹市的两幢小楼。

陈家两兄弟感情甚笃，一起在首都南京做官，也同住在一个院子里。两兄弟的公馆并排而立，西楼两层，原为陈果夫所住，东楼三层，原为陈立夫所住。公馆建于1935年，当时陈果夫任江苏省政府主席，陈立夫任国民党中央组织部部长。

1949年陈家迁往台湾后，该处先后作为部队招待所、医院门诊部和宿舍。如今公馆只剩这两幢主楼和后面的一排平房，庭院的树木花草都不见了，空地成了停车场。小楼损毁严重，已成危房。

复成新村
民国建筑群
推荐参观指数：★★

该建筑为邱清泉于抗战胜利后所建，两层西式楼房，淡黄色拉毛墙面，腰嵌棕色釉面砖，精致而气派。小院中长着一棵巨大的梧桐树，如伞盖般庇护着这幢小楼。

邱清泉（1902—1949），国民党军王牌主力之一——第五军军长，第二兵团司令官，陆军中将。淮海战役中被解放军包围，突围时被击毙。

参观指南：现为私宅，院门有时开放，可进院参观。

复成新村14号
邱清泉公馆
推荐参观指数：★★

左页

从繁华的常府街，向南拐个弯，就绕进了复成新村。新村内有3条平行的小巷，一车多宽的巷子里，有着浓浓的市井气，却又闹中取静。巷子两边是整齐的独门独院，一家家门挨门相邻，建筑外墙面以淡黄色拉毛为主。

复成新村是南京现存不多的完整的民国街区之一，其北临常府街，南邻五福巷，东至马路街，西接长白街。作为民国时期典型的高级住宅区，共有40余幢西式花园别墅，初建于1930年。

在这里住过的民国名人，目前已经查明的就有20多人。其中：复成新村8号，韩国流亡政府领导人、被誉为"韩国国父"的金九曾在此居住；复成新村14号是国民党高级将领邱清泉的公馆；复成新村21号原为美国驻华大使参赞公馆。

再向西来，我们选择太平南路为参观路线。若你的出发地是总统府，则可先步行至不远处的地铁 2 号线 / 3 号线大行宫站，该站 3 号出口即太平南路的北端。

太平南路为南北走向，是南京的老商业街。鼎盛时期的太平南路，两旁汇集着银行、教堂、书局、药房、银楼、酒家等几百间门面，楼房林立，店铺栉比，吃穿用度各种老字号应有尽有，门面后的民居更是不计其数。可以说，一条太平南路，就是南京民国生活的写照。随着近年来的城市建设，太平南路的不少历史建筑相继被拆除，但仍存留着多处民国遗迹，见证着悠长岁月里曾经的繁华。

若从中山东路 / 太平南路路口（即地铁 2 号线 / 3 号线大行宫站）出发，沿太平南路由北向南，约 250 米，在右手路西，可先参观：

太平南路七十六巷民国建筑群（第 460 页）。

继续沿太平南路前行，在游府西街（文昌巷）路口，可先过街向东，进入文昌巷，参观：

文昌巷 19 号民国建筑群（第 461 页）。

文昌巷 52 号 童寯（jùn）旧居。童寯，中国第一代建筑大师，南京很多民国建筑都是其作品。该处位于文昌巷 / 红花地路口，现由童寯后人居住。临街一面高墙，铁门紧闭，看不到什么。

再返回游府西街（文昌巷）路口，过街向西，进入游府西街，可参观：

游府西街 4 号 中农里民国建筑群。汪伪时期建造，为两层日式住宅楼。现存 11 幢楼房，已整修出新，可进院参观。

游府西街 8 号 首都电话局（第 462 页）。

游府西街 27 号 吴志廉公馆。吴志廉曾任国民政府司法院会计处会计长。建筑位于"游府西街 8 号 首都电话局"对面居民大院内，主楼两层，入口朝北，凸出门廊，门廊二楼是观景阳台，由两根爱奥尼立柱支撑，柱头涡卷雕饰精致。内部木楼梯做工考究。南立面呈凹字形，中部为观景走廊，两侧各设一方形露台，也很有特色。大院开放参观。

再向西几步，在路口左转，进入延龄巷，可参观：

延龄巷 38 号 东方饭店。1927 年由商人汤子材创办，原名东亚饭店。1934 年扩建客房，更名为东方饭店。当时有高级单人房间 76 间，接待校级以上军官、要员和富商。抗战期间被侵华日军占用，改名"宝来馆"，专门接待日本旅客。抗战胜利后恢复原名，继续营业，国民政府"国大"召开时是代表们的住宿饭店之一。至今仍作为饭店经营。

顺延龄巷行至延龄巷 / 淮海路路口，右手是金陵刻经处（院内的杨仁山墓塔也是民国建筑，但一般不开放）。毗邻金陵刻经处西侧，可参观：

树德坊 1 号—22 号 陈调元旧居建筑群。陈调元，陆军上将，曾任安徽省和山东省政府主席、国民政府军事参议院院长。这是陈调元于 1931 年建造的一处居住街坊，原为军事参议院高级职员宿舍，建筑形式类似于石库门风格。现存 4 幢两层楼房，已修缮出新，可进院参观。

由该处向东，即回到太平南路。继续南行，至太平南路 / 杨公井路口，可参观：
太平南路 220 号 中华书局（第 464 页）。
杨公井 25 号 国民大戏院（第 466 页）。

继续沿太平南路前行，至太平南路 / 常府街路口，在东北角可参观：
常府街 66—1 号 共和书局。建筑位于修缮更新后的三十四标街区内，南迎常府街，东临三十四标小巷。建筑造型精致，米黄色外墙，南面二楼每间凸出阳台，铸铁栏杆；东面设外廊，廊柱柱头做涡卷雕饰，外廊两端设楼梯直达楼顶露台。民国时期，该建筑是"共和书局"的一部分。其对面就是地铁 3 号线常府街站 3 号出口。

继续沿太平南路前行，在路西有：
太平南路 382 号 浙江庆和昌记支店（第 467 页）。
太平南路 396 号 基督教圣公会圣保罗堂（第 468 页）。

行至太平南路 / 白下路路口，可参观：
白下路 155 号 中南银行南京分行（第 470 页）。

沿太平南路继续前行，快到夫子庙时，在路西可参观：
慧园里民国建筑群（第 472 页）。

再往前就到了太平南路 / 建康路路口了（即夫子庙景区北入口牌坊对面），可过街向东，在路口参观：
建康路 145 号 上海商业储蓄银行（第 474 页）。

斜对面，同在建康路上，可参观：
建康路 110 号 建康路邮政支局（第 476 页）。
由该处可进入夫子庙景区，也可就近乘地铁返程。

若进夫子庙景区，在贡院街上，毗邻中国科举博物馆，可参观一下：
贡院街 84 号 首都大戏院。该戏院建成于 1931 年，在民国时期与新都大戏院、世界大戏院、大华大戏院并称"首都四大戏院"。现已修缮改建成"南京首都大戏院电影博物馆"，作为民国电影业的展示场馆，陈设早期电影放映机，还原当年的放映室，对外开放。

至此，太平南路一线就参观结束了。

太平南路七十六巷
民国建筑群

推荐参观指数：★

　　沿文昌巷是找不到"文昌巷19号"这个门牌的，该建筑群实际位于西白菜园小巷深处，现称"西白菜园历史风貌区"。

　　由文昌巷拐进西白菜园，前行100米，豁然开朗，好大一片街区，好多幢精致的民国住宅。该建筑群始建于20世纪30年代，由14幢单体建筑组成，包括8幢民国私人房地产商开发的连体住宅、3幢民国官商自建的独栋西式住宅、1幢民国传统中式住宅、2幢侵华日军攻占南京之后建造的红砖墙建筑（曾用作慰安所）。经修缮更新，原本破败的建筑群重又焕发生机，现已被打造成了集展览、商业、文创、休闲于一体的历史文化街区。

　　参观指南：该街区比邻著名的"科巷菜场"，由科巷拐入西白菜园亦能便捷地抵达。

左页

　　该建筑群位于太平南路西侧、秦淮区政府对面巷内，是民国时期为国民政府工作人员建造的公寓，共有6幢楼房，外墙黄色涂料饰面，木质门窗，现已整体修缮出新。居民热情而健谈，如果向其打听，会领你去看在南部第一幢东侧，曾有一方民国窨井盖，上有"民国二十六年"字样，可惜近年已不存。

游府西街8号
首都电话局

推荐参观指数：★★

　　游府西街 8 号，临街一幢高大的民国建筑，这里就是首都电话局旧址。

　　临街的大楼是首都电话局的办公大楼，建于 1936 年，西方古典式建筑，地上三层（第四层后加），朝南的一面有浓郁西洋风格的阳台和窗套，以及精致的线脚装饰。抗战之前，这里是南京市的电话运转中心，大楼内除了办公用房外，已经安装了共电式电话交换机和自动电话装置。至今楼梯、楼道、水磨石地面等仍保留着旧时风貌。

　　首都电话局旧址是一组建筑群，除临街的电话局大楼外，院内北侧还有一幢三层的电报大楼（观赏价值不高），西侧的两层小楼为卫生所，北侧平房为车库。

　　参观指南：大楼现为中国电信南京分公司秦淮区营销中心，有很多职工在此进出办公。若和门卫师傅友好协商一下，还是允许进院参观的，但需注意安静、低调。大楼东侧的门为次要入口，主入口在大楼北面，进门便是精美的盘旋楼梯。该处位于太平南路西侧，距太平南路／游府西街路口约 150 米。

　　中华书局于 1912 年创始于上海，事业蓬勃发展，网络遍布各地。民国年间，南京太平南路、杨公井一带逐渐形成 "书店一条街"，最多时有三四十家，包括商务印书馆南京分馆、中华书局南京分店、世界书局、开明书店、良友书店等。

　　该书局建于 1935 年，古朴的三层楼房，外立面饰以彩色马赛克，颇具装饰艺术风格。民国时期，这里是文人学者、达官贵人淘书的宝地，徐悲鸿、胡小石、李宗仁等都是这里的老顾客。如今是古籍书店，完整地保留了中华书局原来的扇形体型，还是干着卖书的老本行。对于爱书人尤其是喜欢淘旧书的朋友，我会推荐这家承载着民国遗风的书店。

　　参观指南：该处位于太平南路 / 杨公井路口，临近地铁 3 号线常府街站 4 号出口（约 150 米）。

中华书局南京分店，摄于 20 世纪 30 年代

杨公井25号
国民大戏院

推荐参观指数：★

沿太平南路向南，在快到马府西街路口时，可以看到路西孤零零地矗立着一座古色古香的老楼，为浙江庆和昌记支店旧址。虽然民国时期太平南路商铺林立，极为繁华，但保留至今的商铺建筑寥寥无几，这是仅存的一座了。

浙江庆和昌记支店是一座三层楼房，临街外立面用黄色耐火砖贴面。二层和三层窗下，用蓝、白、红三色马赛克组成扇形图案。最顶部用绿、白两色马赛克，自右向左拼出"浙江庆和昌记支店"8个繁体字。

浙江庆和昌记支店是民国时期浙江商帮在南京开设的一家商号，曾是有名的银楼。

参观指南：建筑被工地围挡遮着，只露出上半部分，尽显沧桑。

太平南路382号
浙江庆和昌记支店

左页

国民大戏院落成于1929年，是当时南京最豪华的高档电影院，也是首家专门放映有声影片的影院。建筑宏大华丽，即使和当时西方的电影院比，也不相上下。当年的《中央日报》还刊登了"国民大戏院将开幕"的消息，称"座位舒适配置得宜，其他如电扇、水汀、排间、衣帽室及会客厅等，亦应有尽有"。消息还称，国民大戏院"座位能容一千五百人，查近时上海亦无此大规模之戏院"。如今建筑虽主体完整，内部已装修改造，往昔踪影难觅。

参观指南：该处位于太平南路220号中华书局西侧，现为"光阳大舞台 人民剧院"，每晚有综艺演出，可参观和消费。

太平南路396号
基督教圣保罗堂

推荐参观指数：★★★

基督教圣保罗堂是南京第一座正式的基督教礼拜堂，落成于1923年。

圣保罗堂由金陵大学齐兆昌建筑师设计，规模不大，建筑风格为朴素典雅的欧洲乡村小教堂，由圣殿、钟楼、神职人员宿舍等部分组成。主建筑圣殿外观属于较为纯正的哥特式建筑，内部却用中国传统的砖柱及木屋架代替了哥特式尖券。建造该堂的建筑材料很讲究，外墙用磨光的城墙砖砌筑，窗座、垛堞等部位采用白石精雕。教堂内部的吊灯很有特色，两排漂亮的灯暖黄了城墙砖和顶棚，一片柔和。

这里是文艺青年最爱造访的"小资地"之一。即便不是教徒，偶尔感受一下那种神圣安详的氛围

也很有意思，听着唱诗班的歌声，仿佛心灵得到了升华。但圣保罗堂不总是对外开放的，周二至周四下午有祷告会，周六周日都有聚会，其余时间大都不开放。

参观指南：该堂是"南京三大老教堂"之一（另两处是石鼓路110号石鼓路天主堂、莫愁路390号基督教莫愁路堂），开放时间可免费参观。距该处最近的地铁出口是3号线常府街站1号口（约400米）。

白下路155号
中南银行南京分行

推荐参观指数：★★★

　　中南银行是民国时期由南洋华侨集资创办的商业银行，与当时的盐业银行、金城银行、大陆银行一起被称为"北四行"。1929年成立中南银行南京分行，随着业务不断扩大，1936年，一座崭新的现代派建筑风格的营业大楼在太平南路/白下路路口西北角矗立起来。可好景不长，抗战全面爆发后，中南银行被迫迁至重庆，这幢大楼则成为汪伪"实业部""粮食部"。

　　与其他银行灰白的外墙、四平八稳的造型不同，中南银行南京分行的双色墙面色彩明快，大楼以街角的门厅为中心，向两侧延伸开去。门厅为四层，上有钟楼，细部处理极其细致，呈现出欧美装饰主义风格。外墙设计成颇有节奏感的样式，褐色的泰山面砖与白色的水泥粉刷凹凸相间，V形的体型，让整幢建筑宛如一架正在演奏的手风琴，优雅而活泼。

　　参观指南：该处位于太平南路396号基督教圣保罗堂以南100米，现为交通银行南京白下支行，可欣赏建筑外观。

慧园里
民国建筑群

推荐参观指数：★★★

慧园里民国建筑群总平面图

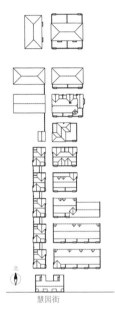

北

慧园街

看完白下路 155 号中南银行南京分行，继续沿太平南路南行，在快到夫子庙的时候，右手有一条小街，名"慧园街"。走进去约 150 米，右手有个叫"慧园里"的小区，抬头就可看到过街楼的门洞上方题写着"慧园里"3 个字，这是南京现存较少的民国时期里弄式住宅片区。别看夫子庙秦淮河总是一番热闹景象，这里却有着安静的氛围。由于门洞不大，虽处闹市，却有高墙深院之感，经过的人也大都不会留意这里。

该建筑群始建于 20 世纪 30 年代，原为国民党官员及银行高级职员的寓所。现存 22 幢民国建筑，分东西两排。从门洞进入，沿着约 5 米宽的主巷道，由南向北，前半部几幢住宅对称排列，红砖红瓦。西侧的 5 幢为别墅，东侧多为联排式住宅楼。后半部楼房单体逐渐变大，青砖青瓦，形态也变得复杂，或独立小院，或公共院落。风格统一，静谧安宁，反映了民国时期中产阶层居住区的典型风貌。

参观指南：慧园里并不是什么旅游景点，所以来这里的游客很少，成为闲庭信步的好去处。在这里慢慢地逛，可以感受到亲和的市井气息，还有民国时代的沧桑。距该处最近的地铁出口是 3 号线夫子庙站 3 号口（约 450 米）。

建康路145号
上海商业储蓄银行

参观完慧园里民国建筑群，即可原路返回太平南路。继续向南，不到 200 米，就到夫子庙了。在夫子庙景区北入口牌坊的斜对面，有一幢灰白色大楼，即上海商业储蓄银行旧址。

上海商业储蓄银行与浙江兴业银行、浙江实业银行、新华信托储蓄银行均为江浙资本家集资创建，合称"南四行"。上海商业储蓄银行在"南四行"中成立最早，1917 年在南京开设办事处。该大楼建于 1933 年，高三层，门厅高五层，钢筋混凝土结构，早期西方现代派建筑风格。现基本保持原貌，底层窗棂上还留存着银行创始的圆形图案标志。

参观指南：建筑位于太平南路 / 建康路路口东北角，现处于空置状态，可欣赏外观。该处临近地铁 3 号线夫子庙站 2 号、3 号出口（约 200 米）。

东面

南面

　　在建康路 145 号上海商业储蓄银行旧址斜对面、原南京市中医院门前，有一幢西洋古典建筑，这就是民国时的建康路邮政支局——南京现存历史最悠久的邮局。

　　该建筑由英国人设计，1923 年建成开业，称为奇望街支局，1935 年更名为建康路邮政支局。它是民国时代保存下来的一处重要邮政遗址，并使用至今，继续正常营业。

　　建筑造型属于欧洲文艺复兴时期的古典样式，正面朝东，入口处设高高的台阶，拾级而上是宽大的柱廊和五孔圆拱门。台阶两侧各立有一座混凝土信箱。大楼正面顶部中央建有一座圆顶西式风格的钟台，雕刻装饰保存完好，但钟面已不知去向。阳台围以花瓶图案的混凝土栏杆，窗套仿石砌，檐口施以线脚装饰。这幢建筑是 20 世纪 20 年代西方古典建筑形式传入中国的代表作之一。

　　参观指南：朝东的正门现为邮储银行南京夫子庙支行。南面（即朝夫子庙景区的一面）现已老店新开，改造成了"夫子庙邮政局"，复原了民国时期的邮局风貌。室内不仅装修陈设透着"民国范儿"，还陈列着不少邮政史料图片，开辟了各种文创品柜台，增设了"慢递"服务，可以买到夫子庙主题的"护照"，在各个景点盖上邮戳，对文艺青年来说有不小的"杀伤力"。该处临近地铁 3 线夫子庙站 2 号、3 号出口（约 200 米）。

再向西推，便到了洪武路。洪武路、中华路、雨花路三路合一，是南北向的干道，总长约4千米。这条路线上的民国建筑不多，且分布比较零散，相距都比较远，又无地铁可乘，故花在路途上的时间会比较长，大家宜有所准备。

洪武路北段没有什么可看的，唯有的一处民国建筑位于南段的路东，即：

小火瓦巷48村1、2、3、4号 宋希濂公馆。宋希濂，黄埔军校第一期毕业，被誉为"黄埔之光"。抗日名将，蒋介石嫡系重要将领。1949年被解放军俘虏，1959年被特赦。该建筑是宋希濂任国民党第八十七师师长时购置，为2幢造型、格局一模一样的青砖小楼。该处实际位于小火瓦巷76号益乐村小区内，不临小火瓦巷。在洪武路／小火瓦巷路口，向东进入小火瓦巷，约120米，左手有个"益乐村小区"，进小区大门，直走到底，左手即是。参观完该处，即可原路返回洪武路。

继续沿洪武路南行，过白下路路口，进入中华路。在路口的"银达雅居"大楼南面，可参观：

中华路26号 基督教青年会（第479页）。

继续沿中华路南行，过建康路（升州路）路口，继续直行，在中华路／瞻园路路口，向东进入瞻园路，约200米，在左手可参观：

瞻园路126号 中央宪兵司令部（第480页）。

再回到中华路，向南约150米，在中华路／长乐路路口，可参观：

中华路369号 育群中学。该校始建于1899年，由美国基督教人士马林博士创办，校名"基督中学"，后更名为"育群中学"，现为南京市名校——中华中学。现存民国建筑为1幢两端五层、中部四层的西式楼房，建于1926年，木门窗，青灰色涂料外墙，端庄朴素。该楼紧临中华路，为该校的标志性建筑，可欣赏建筑外观。

沿中华路南行到头，绕过中华门，直行进入雨花路，途经大报恩寺遗址公园，继续向南直至应天大街，左转向东，约600米，即到了本条参观路线的终点：

应天大街388号 金陵兵工厂（第481页）。

应天大街390号 兵工专门学校。现存1幢多层西式楼房，造型呈"凸"字形，有典型的民国建筑特征。建筑位于南京晨光1865创意产业园西南门内，现为办公用房，可入内参观。

再往南去，尚有几处民国墓葬，因过于偏远，就不建议大家前往了。

中华路 26 号现为江苏银行总行。相邻银行 10 余米处，临街围墙内，有一幢米黄色拉毛墙面的两层楼房，一楼开一排高大的欧式圆拱窗，入口门头雕饰精美绝伦，此即基督教青年会旧址。该楼始建于 1925 年，著名建筑师李锦沛设计。1937 年 12 月南京沦陷，该楼被焚，烧去内部木结构，外墙未坏。抗战胜利后，于 1946 年得以修复。

参观指南：该楼现已修缮一新，透过临街铁栅栏可欣赏建筑外观。

应天大街388号
金陵兵工厂

推荐参观指数：★★★

复原的金陵机器制造局大门

金陵兵工厂的前身是李鸿章于1865年创建的金陵机器制造局，1929年改称金陵兵工厂。金陵兵工厂是中国民族工业先驱，也是民国四大兵工厂之一。主要遗存有9幢清代厂房、22幢民国时期厂房和办公用房，是国内最大的近代工业建筑群。其建筑风格独领风骚，较为典型地反映了近代中国工业建筑的特点，有极高的历史价值，因而被列为全国重点文物保护单位，又入选中国工业遗产保护名录。

左页

城南，夫子庙以西，瞻园边上，有一处风格与众不同的建筑。高高的围墙，鲜红的大门，显得威严而又神秘，它就是中央宪兵司令部旧址。

该处民国初年为江苏省长官邸，国民政府定都南京后，为宪兵司令部所在地。抗战期间，这里成为汪伪江宁地方法院和汪伪首都地方法院。抗战胜利后，重新成为宪兵司令部。

民国时期，这里可是南京人谈之色变的"魔窟"。邓中夏等烈士就是在这里被杀害的，陶铸、陈赓、丁玲和田汉等人都在这里被囚禁过。

随着光阴的变迁，原中央宪兵司令部的其他建筑已经消失不见，只留下大门，无声地诉说着当年的血雨腥风。

参观指南：该处现为南京航天管理干部学院，不对外开放，可欣赏大门外观。与之相邻的瞻园是国民政府内政部旧址，也曾是特务机关"中统"的老巢。

金陵兵工厂民国时期多跨连续厂房

旧址现已变身"南京晨光1865创意产业园"。园区内，最大的看点莫过于不同年代各具特色的建筑了。无论满是岁月痕迹的青砖、拱券，还是斑驳的墙上的红漆标语，都会让你在不经意间与历史印记相遇，有一种穿越时空的错觉。这里聚集着许多设计公司和艺术家工作室，历史建筑经过创意改造，至今仍在使用着。金陵兵工厂由此嬗变成一个堪比"北京798"的艺术区，很适合文艺青年们来此走走、坐坐。

参观指南：该处毗邻大报恩寺遗址公园，对外开放，免票参观。园区南门距地铁3号线雨花门站4号出口约600米，园区西南门距地铁1号线中华门站2号出口约1000米。

再向西便是新街口广场了。若从新街口广场出发，沿中山南路（即沿地铁 1 号线）一路向南，沿途两侧可参观：

中山南路 67 号 大华大戏院（第 485 页）。

洪公祠 1 号 国民政府军事委员会调查统计局（第 487 页）。

秣陵路 21 号 刘峙公馆（第 488 页）。

宁中里民国建筑群。在中山南路 / 白下路路口东北侧、地铁 1 号线张府园站 2 号出口旁，有条小巷名"厅后街"，进巷约 100 米，左手一处宁静的院落，即"宁中里"。这里原为汪伪中央银行宿舍区，建于 1937 年，现存 12 幢民国住宅楼，原汁原味。现为居民大院，可进院参观。宁中里北侧的九条巷 8 号，今钟英中学北校区内的曾公祠，曾是国民政府蒙藏委员会会址，但不对外开放。

中山南路 301 号 南京市立第一中学（第 490 页）。

再向南行，快到升州路路口时，在路西可参观：

大板巷民国民居。位于熙南里历史文化街区·大板巷示范段内，其中大板巷 71 号、73 号民国建筑做工精致，保存完整，可重点参观。该处毗邻甘熙故居（即南京市民俗博物馆），最近的地铁出口是 1 号线三山街站 2 号、3 号口（约 250 米）。

升州路 118 号 美大纸行。五层，钢筋混凝土结构，中西合璧建筑风格，1936 年建成后是当时南京最大的纸业公司，曾是城南第一高楼。它位于熙南里街区停车场入口旁，毗邻大板巷南巷口，现为某公司使用。

中山南路一线参观到此结束。

右页

民国时期，南京有著名的"四大戏院"：新都大戏院、世界大戏院、首都大戏院、大华大戏院。如今，前两者已不复存在，位于夫子庙贡院街的首都大戏院已变身博物馆，市中心仅存的民国戏院就是大华大戏院了。

大华大戏院始建于 1935 年，是民国时期南京规模最大、标准最高的戏院。设计者乃著名建筑师杨廷宝，其设计是探索创造中国建筑风格的杰作。

建筑正立面新颖大方，入口设压低出挑的宽大雨篷，转角处采用了弧线处理、水平线条。一进厅，眼前豁然开朗，12 根通高两层的大红圆柱顶天立地，柱头饰有绿底金粉勾出的彩绘纹样，天花做出传统的平棊图案，加上栏杆扶手的镂空雕饰，凸显民族风味。而观众厅完全按照现代剧场的视线、声学要求设计，能容纳 1000 多名观众，座椅都是软席。如此恢宏豪华的剧院，在当年十分罕见。1936 年刚开业时，京剧大师梅兰芳应邀来此演出，几乎半个南京城的市民都跑来一睹盛况，轰动一时。

如今的大华大戏院既保留了民国时的华丽典雅，又充满现代感，让年轻人与老人都能在此找到属于他们的记忆。

大华大戏院门厅

参观指南：该处紧挨着中央商场，毗邻地铁 1 号线新街口站 13 号、14 号出口，可参观和观影。二楼还辟出一间陈列厅，专门陈列旧式电影放映机和与大华有关的史料。历史轨迹都浓缩在这里，可以在等候电影入场时浏览、拍照。

参观完中山南路 67 号大华大戏院，可沿中山南路继续向南，约 500 米，右手即是三元巷。进三元巷到头，不转弯，直行进入洪公祠。在这条不到 200 米长的老街上，洪公祠 1 号一直是南京市公安局所在地。鲜为人知的是，民国时期，这里曾是国民政府军事委员会调查统计局（即"军统"）的总部。

清初，这里是明清之际的重要历史人物洪承畴的宅邸，其死后，辟建为祠堂，故街名洪公祠。太平军攻占南京后，洪公祠被毁，李秀成在此建立忠王府。进入民国，"东北易帜"后，张学良在南京购置房产，将公馆设在洪公祠的一幢洋房内。后来，他将洋房转赠给戴笠，作为特务处的办公地。当时北大门为唯一的出口，四面筑有高高的围墙，使之成为一座与世隔绝的特务机关。1937 年日军进攻南京，此处也在日机轰炸下毁于大火。1945 年抗战快结束时，戴笠指示沈醉在洪公祠重新建造一座大楼，并把自己的办公室设在二楼最中间的地方，四周墙壁和顶板、地板的内部都装置 5 厘米厚的钢板，窗户嵌有两层防弹玻璃。这座大厦才建到两层时，戴笠便飞机失事摔死。1946 年，"军统"改组为国防部保密局，毛人凤担任局长。1947 年，保密局迁入洪公祠新建的大楼。1949 年南京解放，南京市公安局成立，不久正式迁入洪公祠 1 号办公至今。因从不对外开放，故历来具有几分神秘色彩。

参观指南：可欣赏门楼外观，但请勿随意摄影。

秣陵路21号
刘峙公馆

推荐参观指数：★★

"二楼南书房"

参观完洪公祠1号"军统"门楼，向西，过路口进入秣陵路，约100米，在秣陵路小学的斜对面，有个不起眼的"秣陵路21号"大门。进大门，里面还有一道小一些的大门。再进此门，是一条不宽的通道，左右手两侧共有4幢独门独栋的精致两层小楼（编号1~4）。国民党高级将领刘峙曾在此居住过，传说"刘峙的4位夫人每人一幢"。

刘峙（1892—1971），陆军二级上将，抗战时期曾任第五战区司令长官，淮海战役中出任徐州"剿总"司令，被解放军全线击败。

其中，左手第二幢小楼被"二楼南书房"承租，室外楼梯直通二楼。

"二楼南书房"在南京比较出名，这是一间24小时不打烊的迷你图书馆。复古的纱门、木窗、吊灯、老式的书桌、沙发、藤椅，为来到这里的读者营造出恍如回到民国的错觉。书香雅韵，青灯展卷，雅事一桩，难怪有那么多文艺青年被吸引而至。

沿着通道继续往里走，穿过另一道门，则是两列共6幢小楼（编号5~10）。相对于刚才北面4幢小楼，这几幢的规格相对简易，传说是供随员居住。

出院门，可见院门边余光中的诗句《乡愁》。诗人余光中先生少年时代就住在附近，曾就读于今秣陵路小学和南京五中。

参观指南：看完该处，即可原路返回中山南路，接着去寻访中山南路两侧的民国建筑。也可沿秣陵路继续向西，约500米，至莫愁路，参观莫愁路上的民国建筑（见第491页）。也可沿丰富路向南，约500米，至建邺路，参观建邺路168号国立中央政治大学门楼。

由新街口广场向西，约700米，即来到汉中路 / 莫愁路路口。历史上莫愁路有个怪怪的名字，叫"四根杆子"。1934年拓宽成大马路，更名为莫愁路。莫愁路为南北走向，北起汉中路，南至水西门大街和升州路，全长1500米。沿莫愁路一路向南，可参观：

石鼓路110号 石鼓路天主堂（第492页）。

莫愁路390号 基督教莫愁路堂（第494页）。

莫愁路419号 私立明德女子中学（第496页）。

莫愁路378号 丁光训寓所。丁光训主教是杰出的爱国宗教领袖、著名社会活动家。该处位于莫愁路 / 秣陵路交会处东北角，为一幢独院的西式别墅，庭院内树木成荫。

再往前去，就到了朝天宫（即南京市博物馆），朝天宫本身也是民国时期的首都高等法院所在地。由西牌坊穿过泮池广场出东牌坊，在朝天宫的东侧，可参观：

朝天宫4号 国立北平故宫博物院南京古物保存库（第498页）。

由该处再向东不远，可参观：

建邺路168号 国立中央政治大学门楼（第500页）。

至此，莫愁路一线就参观结束了。

左页

南京市立第一中学可溯源至清光绪三十三年（1907年）创设的崇文学堂，其校址为清代江宁府署。后几易校名，于1933年改称"南京市立第一中学"，是南京市第一所公办中学。

校园内现存一幢民国建筑，即冠名"和平院"的两层楼房，始建于1930年，南北朝向，砖混结构，中式大屋顶，筒瓦屋面，飞檐翘角，青砖墙面，木质门窗。不过现在的"和平院"是2006年按原貌复建的。

参观指南：现为南京市第一中学，对参观者不开放，由校门口即可望见该建筑侧面。距该处最近的地铁出口是1号线张府园站3号口（约300米）。

石鼓路110号
石鼓路天主堂

推荐参观指数：★★★

石鼓路天主堂是南京现存历史最久的天主堂，为法国传教士于清同治九年（1870年）建成，北伐战争中该堂遭到严重破坏，1928年国民政府拨款重修而成今日之面貌。

该堂是罗马风建筑在南京的唯一实例。其外观厚实，体形简洁。内部采用拱顶结构，空间分为三部分，即高耸的中厅和两边的侧廊。中厅的跨度明显大于侧廊，形成主次分明的空间感受。天花是十字交叉的立体圆拱顶，圆拱肋骨顺势而下与束状柱子相接，挺拔秀丽。由于技术和材料的限制，该堂的屋顶结构仍采用中国传统的木屋架，下面用曲线的木构件和灰板条模仿罗马风的圆拱作为吊顶，虽是仿作，但几可乱真。教堂正面的花体字是拉丁文"Ave Mazia"的首字母缩写，意为"万福，马利亚"。

石鼓路天主堂规模不大，装饰也不算十分华贵，但它所承载的历史价值已超过所有外表的浮华，该堂也得以入选"中国最美的十大教堂"。

参观指南： 该堂位于莫愁路东侧的石鼓路上，由莫愁路/石鼓路路口向东走200米即到。弥撒时间：周一至周六每天7:00，周日8:30、16:00、18:00（英文弥撒）。免费开放，每逢周日人特别多。距该处最近的地铁出口是2号线上海路站1号口（约350米）。该堂西南不远的莫愁路上，即"莫愁路390号 基督教莫愁路堂"。

基督教莫愁路堂

　　19世纪80年代，美国北美长老会的韦理夫妇、李满夫妇就在四根杆子（今莫愁路一带）建"汉中堂"。1934年，因拓宽莫愁路需要，汉中堂被拆除。1936年重建新堂，1942年落成。1954年，汉中堂更名为莫愁路堂。

　　莫愁路堂坐东朝西，英国乡村教堂样式。西面主入口由券门和哥特式长尖券窗组合而成，并用白石磨光精雕细刻构成一个大尖券，高达17米，尖券顶部为小型的玫瑰窗。整座建筑显得嵯峨挺拔、典雅秀美。

　　堂内沿用欧洲哥特式教堂高中厅、低侧廊的做法，采用一种简化的西式木桁架屋架，木屋架由两侧向中央逐级出挑，并逐级升高，每级下面有一个圆弧形撑托和一个下垂的装饰物。这种结构称为"锤式屋架"，属于英国16世纪都铎王朝的产物，因此又称为"都铎风格"。

　　建筑西南侧墙角处，镶嵌有基督徒冯玉祥将军于1936年为新堂奠基而题写的石碑，上面用楷体竖书"因为那立好了根基的就是耶稣基督"。

　　参观指南：每周都有祷告会，每逢圣诞节，这里也是南京城最热闹的地方之一。距该处最近的地铁出口是2号线上海路站1号、3号口（约400米）。该堂以北不远的石鼓路上，即"石鼓路110号 石鼓路天主堂"，该堂斜对面就是"莫愁路419号 私立明德女子中学"。

莫愁路 419 号现为南京财经高等职业技术学校，其前身为教会学校明德女子书院。这是南京历史上最早的女子书院，创建于清光绪十年（1884年）。辛亥革命后，更名为私立明德女子中学，简称"明德女中"。

明德女中原有教学楼、宿舍楼、图书馆、礼堂等建筑，尤其建于1912 年的教学主楼"淑德堂"给人印象最深刻。大楼造型属于美国殖民地建筑风格，坐西朝东，高三层，平面呈"凹"字形，灰砖红顶，入口处有门廊。2002 年，该楼被拆毁。2003 年按原式样复建，改名"明德楼"，纪念学校的老校名。

参观指南：该校位于"莫愁路 390 号 基督教莫愁路堂"斜对面。校园对参观者不开放，主建筑"明德楼"正对校门，由大门口可望见。

朝天宫4号
**国立北平故宫博物院
南京古物保存库**

推荐参观指数：★★

　　朝天宫东临莫愁路，该保存库坐落在朝天宫东宫墙外、江苏省昆剧院（即江宁府学旧址）大院北端。由著名建筑师赵深、童寯、陈植设计，建于 1936 年。整个建筑外形仿承德外八庙中"须弥福寿之庙"的大红台，汉藏结合建筑风格，体量庞大，坚固耐用。至今该保存库仍在使用，尚保存有故宫南迁文物 2000 多箱，且从未开箱。

　　参观指南：该处不对外开放，只能在朝天宫售票处旁的南京市博物馆大门口远望建筑一角。但朝天宫的第一进院免费开放，出第一进院东门，可至东宫墙外的长巷。在此长巷内，可近处欣赏建筑外观。

国立北平故宫博物院南京古物保存库，摄于20世纪30年代

再往西去，在虎踞南路以西乃至快到长江边，还有 3 处相对重要的民国建筑，不过因太过偏远，大家就不一定前往了：

莫愁湖公园内 粤军阵亡将士墓。位于莫愁湖南岸、郁金堂以西的丘垄上。最初建成于 1912 年，1987 年重修，墓碑上镌刻孙中山手书"建国成仁"，背面是黄兴撰写的碑文。公园北门临近地铁 2 号线莫愁湖站，免费开放。公园南门以西 1.6 千米即侵华日军南京大屠杀遇难同胞纪念馆。

茶亭东街 242 号 国民党中央军人监狱。这是唯一被保留下来的民国南京"四大监狱"之一，始建于 1930 年。当年的监狱平面呈正方形，长宽各约 200 米，四周筑有高墙和岗楼，监狱内有东、西、南、中 4 座监房，现仅存东、西 2 座监房和一座办公楼。1931 年，中共早期领导人恽代英被关押并殉难于此。抗战时期，南京沦陷，监狱被日军焚毁。1945年抗战胜利后，在原址重建，称"国防部中央军人监狱"。旧址位于侵华日军南京大屠杀遇难同胞纪念馆北侧、南京云锦博物馆西侧，因处于部队大院内，一般不对外开放。

江东门北街 33 号 国民党中央广播电台发射台。建成于 1931 年，现存发射机房、配电房和两座高 125 米的发射塔。1949 年后为江苏人民广播电台的发射基地，后电台搬走，现处于闲置状态。该处为全国重点文物保护单位，不对外开放，在围墙外可见两座民国时期的铁塔依然矗立。该处位于侵华日军南京大屠杀遇难同胞纪念馆以西约 900 米，距地铁2 号线集庆门大街站约 1.4 千米。

向南参观路线至此全部结束。

左页

国立中央政治大学旧址位于朝天宫东侧，建邺路与王府大街交会处，现为中共江苏省委党校等单位所在地。现存门楼建于 1927 年，钢筋混凝土结构，欧式古典风格。

国立中央政治大学是民国时期国民党培养党政干部的摇篮，由著名教育家顾毓琇担任校长，蒋介石担任名誉校长。民国时期的国立中央政治大学是一组庞大的建筑群，除了校门外，还有教学楼、图书馆、宿舍楼、大礼堂、校长办公房等建筑。如今，只剩下门楼一座，讲述着这座民国高等学府的往事沧桑。

参观指南：沿建邺路可欣赏门楼外观。该处西侧临近"朝天宫 4 号 国立北平故宫博物院南京古物保存库"，东距地铁 1 号线张府园站约 750 米。

索引（按音序排列，蓝色的表示有配图）

致谢

感谢中国第二历史档案馆、东南大学建筑学院图书馆提供档案文献。

感谢黎志涛教授、詹庚申先生、王振羽先生、王重阳医生给予的宝贵意见。

感谢陆璐、张飞燕、白鸽、王雨佳、苑圆协助制图。

感谢徐协先生提供的帮助。

刘屹立

著者声明

　　本书中的彩色插图，未经本书著者授权许可，任何单位和个人不得翻印、复制用于任何出版物。违反上述声明者，本书著者保留追究其相关法律责任的权利。若需引用本书图片，请与本书著者联系并事先取得授权许可。

著者微信

图书在版编目（CIP）数据

南京民国建筑地图 / 刘屹立，徐振欧著 . —南京：江苏凤凰科学技术出版社，2018.10（2025.1 重印）

ISBN 978-7-5537-9743-4

Ⅰ . ①南… Ⅱ . ①刘… ②徐… Ⅲ . ①建筑物—介绍—南京—民国 Ⅳ . ① TU-092.6

中国版本图书馆 CIP 数据核字（2018）第 231490 号

南京民国建筑地图

著　　　者	刘屹立　徐振欧	
责 任 编 辑	赵　研	
责 任 校 对	仲　敏	
责 任 监 制	刘　钧	
出 版 发 行	江苏凤凰科学技术出版社	
出版社地址	南京市湖南路1号A楼，邮编：210009	
出版社网址	http://www.pspress.cn	
总 经 销	天津凤凰空间文化传媒有限公司	
总经销网址	http://www.ifengspace.cn	
照　　　排	南京紫藤制版印务中心	
印　　　刷	南京新洲印刷有限公司	
开　　　本	787 mm×1092 mm　1/32	
印　　　张	16	
插　　　页	4	
版　　　次	2018年10月第1版	
印　　　次	2025年1月第6次印刷	
印　　　数	17001—20000册	
标 准 书 号	ISBN 978-7-5537-9743-4	
定　　　价	128.00元（精）	

如有印装质量问题，可随时向销售部调换（电话：022-87893668）。